普通高等院校高等数学系列规划教材

微积分（上册）

丛书主编　朱家生　吴耀强
主　　编　吴耀强　陆海霞

中国建材工业出版社

图书在版编目（CIP）数据

微积分．上册／吴耀强，陆海霞主编．—北京：中国建材工业出版社，2015.9

普通高等院校高等数学系列规划教材／朱家生，吴耀强主编

ISBN 978-7-5160-1210-9

Ⅰ.①微…　Ⅱ.①吴…②陆…　Ⅲ.①微积分—高等学校—教材　Ⅳ.①O172

中国版本图书馆 CIP 数据核字（2015）第 085131 号

内 容 简 介

本书是“普通高等院校高等数学系列规划教材”之一，根据教育部制定的《高等数学课程教学基本要求》和《全国硕士研究生入学统一考试数学考试大纲》的内容和要求编写。

本书主要内容包括：预备知识、极限与连续、导数与微分、微分中值定理与导数的应用、不定积分、定积分及其应用等内容，并配有习题及参考答案。

本书适合作为普通三本院校经济与管理类、理工类等各专业的教材，也可作为考研学生自学、复习用书。

微积分（上册）

主　编　吴耀强　陆海霞

出版发行：中国建材工业出版社

地　　址：北京市海淀区三里河路 1 号

邮　　编：100044

经　　销：全国各地新华书店

印　　刷：北京鑫正大印刷有限公司

开　　本：787mm×1092mm　1/16

印　　张：9.75

字　　数：245 千字

版　　次：2015 年 9 月第 1 版

印　　次：2015 年 9 月第 1 次

定　　价：33.00 元

本社网址：www.jccbs.com.cn　　微信公众号：zgjcgycbs

本书如出现印装质量问题，由我社网络直销部负责调换。联系电话：（010）88386906

普通高等院校高等数学系列规划教材
编写委员会

序　言

高等数学课程作为高等学校的公共基础课，为学生的专业课程学习和解决实际问题提供了必要的数学基础知识及常用的数学方法，开设这门课程的目的除了把初等数学中一些未解决好的问题（如函数的性质、增减性等）重新认识并彻底解决外，还要通过学习其他的知识（如极限、微分、积分等），为学习专业课程打下坚实的基础。通过该课程的学习，可以逐步培养学生的数学思想、抽象概括问题的能力、逻辑推理能力以及较熟练的运算能力和综合运用所学知识分析问题、解决问题的能力，其对于应用型人才培养的重要程度是毋庸置疑的。

2008年，受扬州大学委派，我来到苏北一座新兴的城市——宿迁，参与宿迁学院的援建工作。作为一名长期在高校数学专业从教的教师，第一次有针对性地接触到一些无数学专业背景的教师和非数学专业的学生，有机会亲耳聆听他们对于高等数学教学改革的诉求与建议，感触颇深。宿迁学院是江苏省新创办的一所本科院校，办学之初就定位于应用技术型人才的培养，如何适应不同专业和不同学业水平学生的需求，成为我与从事数学教学的同事们常常讨论的话题。围绕普通高校高等数学教学改革，我们先后开展了多个课题的研究，并在不同的专业进行了一些改革尝试。

为了能把我们这几年来教学改革的体会和感悟总结出来，与同行交流与分享，我们历经2年，编写了这套“普通高等院校高等数学系列规划教材”，本系列教材共有三个分册：《微积分（上/下册）》，《线性代数》和《概率论与数理统计》。

为了保证本系列教材的教学适用性，在编写过程中，我们对国内外近年来出版的同类教材的特点进行了比较和分析。从教材体系、内容安排和例题配置等方面充分吸取优点，尤其是在内容的安排上，根据大多数本科院校教学时数设置的情况，进行了适当取舍，尽可能避免偏多、偏难、偏深的弊端，同时也为在教学过程中根据不同专业的需要和学生的具体情况给教师补充、发挥留有一定的空间。此外，我们还参考了《全国硕士研究生入学统一考试数学考试大纲》，力求教材体系、内容在适应高等院校各专业应用型人才培养对数学知识需求的同时，又能兼顾报考研究生的需求。

本书的主要特点如下：

1. 遵循“厚基础，宽口径”的原则，在内容安排上，力争基础不削弱，重要部分适当加强。尽可能做到简明扼要，深入浅出，语言准确，易于学生学习。在引入概念时，注意以学生易于接受的方式叙述。略去大多数教材中一些定理的证明，只保存了一些重要定理和法则，更突出有关理论、方法的应用和数学模型的介绍，重在培养这些专业的学生掌握用这些知识解决实际问题的能力。

2. 我们充分考虑各专业后继课程的需要和学生继续深造的需求，将本系列教材配备了A、B两组习题，达到A组水平，即已符合本课程的基本要求；而B组则是为数学基础要求较高的专业或学生准备的，当然也适当兼顾部分学生报考研究生的需求。

3. 照顾到入学时的学生数学水平参差不齐，尤其是考虑到与中学数学相关内容的衔接，尽量让不同背景、不同层次的学生学有所获。

本系列教材的出版，得到了中国建材工业出版社的大力支持，特别是胡京平编辑的帮助，也得到宿迁学院和教务处的关心和支持，在此一并表示衷心感谢！

虽然我们希望能够编写出版一套质量较高、适合当前教学实际需要的丛书，但限于水平与能力，教材中仍有不少未尽如人意之处，敬请读者不吝指正。

朱家生

2015年7月

前　言

高等数学（或称大学数学）是高等院校的重要公共基础课程，也是硕士研究生入学考试的必考科目。为了更好地适应我国当前高等教育跨越式发展的需要，满足从精英教育向大众化教育转移阶段中社会对应用型人才数学素养的需要，根据教育部制定的《高等数学课程教学基本要求》，并结合我校高等数学课程教学改革的实践与经验，我们编写了这套教材。

在编写过程中，我们不仅参考了国内出版的同类教材在教材体系、内容安排和例题选配等方面的优点，同时结合民办本科、应用型院校金融或经济类各专业的要求以及大学生的知识结构现状，对教材内容安排上进行了一定的调整与取舍，尽量做到教材难易适中。一方面，力求本教材的体系、内容符合数学学科本身的特点，同时，我们参考了《全国硕士研究生入学统一考试数学考试大纲》的要求，适当兼顾部分学有余力或有报考硕士研究生愿望的读者；另一方面，由于国内应用型高等院校普遍存在高等数学课时不断压缩的现状，我们旨在培养读者在了解或理解高等数学中的概念、理论与方法的基础上，通过逻辑推理能力的培养，从而具备一定的数学分析能力，进而可以解决相关专业中的一些实际应用问题，也为学习专业课程和后继课程打下扎实的基础。

《微积分（上/下册）》共十一章，内容包括：预备知识、极限与连续、导数与微分、微分中值定理与导数的应用、不定积分、定积分及其应用、多元函数微分学、二重积分、无穷级数、常微分方程、差分方程。本教材编写组基于中学数学课程新标准以及高等数学中有关知识的衔接情况，为体现后继章节教学连贯性与适用性，特给出相应的预备知识；对于教材中的重要定理、法则予以严格证明，而略去其他定理的证明。本教材每章均配备了适量的习题，习题均分为（A）、（B）两组，其中习题（A）为复习、巩固所学基本知识而设置，习题（B）选编部分综合性较强的题目以供学有余力或有志报考硕士研究生的读者使用。教材书末中给出各章计算题的参考答案。另外，本教材下册书末附有微积分学简史，这对了解微积分学理论的创立与发展，启发读者学习高等数学的兴趣，开阔视野是大有裨益的。

本书适合作为普通三本院校经济与管理类、理工类等各专业的教材，也可作为考研学生自学、复习用书。

本书由吴耀强、陆海霞担任主编，其他参与本书编写工作的教师有：李红玲、虞冰、仓义玲、衡美芹、郁爱军，全书由吴耀强统一校对并修改。本书的编写得到了宿迁学院教务处和文理学院领导的大力支持，另外，审稿同志对原稿提出了宝贵的改进意见，对此我们一并表示衷心感谢。

由于编者水平有限，加之编写时间仓促，本书不足之处在所难免，恳请广大读者给予批评指正。

编　者

2015.8

目　录

第一章　预备知识

第一节　实数与集合论初步

微积分研究的对象主要是定义在实数集上的函数，为此，我们先给出与实数有关的内容．

一、实数

1. 实数的概念

我们在中学数学课程中已经知道实数由有理数与无理数两部分组成．有理数可表示为$\frac{p}{q}$（p、q为整数且$q\neq 0$）的分数形式，而把无限不循环小数称为无理数．我们通常在一条水平直线上确定一点O作为原点，把指向右方的方向规定为正方向且规定一个单位长度后就得到一个数轴．实数与数轴上的点是一一对应的．即任一实数对应着数轴上唯一的一点；反之，数轴上每一点表示着相应的唯一实数．这样，数轴上表示有理数的点称为有理点，相应地，数轴上表示无理数的点称为无理点．

2. 实数的基本性质

一般说来，实数具有下列基本性质：

性质 1　实数经过加、减、乘、除（除数不为零）四则运算的结果仍为实数．

性质 2　对任意两个实数a、b而言，下列三个关系$a>b, a=b, a<b$中，它们必具其一．

性质 3　对于实数a、b、c，如果$a>b, b>c$，那么$a>c$必成立．

性质 4　任意两个不相等的实数之间必存在有理数和无理数．

例 1　对于实数a、b，若对于任何正数ε均有$a<b+\varepsilon$，则$a\leqslant b$.

证　假设结论不成立，由性质2可知$a>b$. 令$\varepsilon=a-b$，显然$\varepsilon>0$，且$a=b+\varepsilon$，这与题设中$a<b+\varepsilon$相矛盾．故原结论$a\leqslant b$成立．

二、绝对值

1. 绝对值的概念

定义 1　设a为一个实数，我们通常将a的绝对值记为$|a|$，中学教材中表述为一个正数的绝对值是它本身；一个负数的绝对值是它的相反数；零的绝对值是零．

注 （1）我们也可以定义为$|a|=\begin{cases}a, & 当 a>0 时\\ 0, & 当 a=0 时\\ -a, & 当 a<0 时\end{cases}$.

（2）我们也把数轴上表示一个数的点到原点的距离称为这个数的绝对值．

显然实数 a 的绝对值 $|a|$ 的几何意义就是点 a 到原点的距离；相应地，$|a-b|$ 表示点 a 与点 b 之间的距离．

2. 绝对值的基本性质

一般说来，实数的绝对值具有下列基本性质：

（1）$|a|\geqslant 0$；

（2）$|-a|=|a|$；特别地，当且仅当 $a=0$ 时有 $|a|=0$；

（3）$|a|=\sqrt{a^2}$；

（4）$-|a|\leqslant a\leqslant |a|$；

（5）设 h 为正数，若$|a|<h$，则$-h<a<h$. 其逆亦真；进一步地，若$|a|\leqslant h$，则$-h\leqslant a\leqslant h$；

（6）设 h 为正数，若$|a|>h$，则 $a>h$ 或 $a<-h$. 其逆亦真．

此外，把求实数的绝对值当成一种运算，这种运算具有下列性质：

（1）$|a+b|\leqslant|a|+|b|$，当且仅当 a 和 b 同号时等式成立．一般地，$|a_1+a_2+\cdots+a_n|\leqslant|a_1|+|a_2|+\cdots+|a_n|$，当且仅当 $a_1,a_2,\cdots,a_n$ 均同号时等式成立；

（2）$|a-b|\geqslant\big||a|-|b|\big|$；

（3）对于任意实数 a、b，有$|a|-|b|\leqslant|a\pm b|\leqslant|a|+|b|$；

（4）$|ab|=|a||b|$；

（5）$\left|\dfrac{a}{b}\right|=\dfrac{|a|}{|b|}$，其中 $b\neq 0$.

例 2 对于实数 a、b，若对于任何正数 ε 均有$|a-b|<\varepsilon$，则 $a=b$.

证 由题设$|a-b|<\varepsilon$ 可得$-\varepsilon<a-b<\varepsilon$，即有 $b-\varepsilon<a<b+\varepsilon$. 对于 $a<b+\varepsilon$，利用例 1 知 $a\leqslant b$；另外，由于 $b-\varepsilon<a$，也就是 $b<a+\varepsilon$，同理可得 $b\leqslant a$，故 $a=b$.

三、集合

1. 集合的概念

集合是指由某些具有某种特定性质的事物构成的总体．组成集合的每个事物称为该集合的元素．通常用大写拉丁字母 $A,B,C,\cdots$表示集合，用小写拉丁字母 $a,b,c,\cdots$表示集合的元素．若 a 是集合A 中的元素，就说 a 属于A，记作 $a\in A$，否则就说 a 不属于 A，记作 $a\notin A$（或 $a\bar{\in} A$）. 若一个集合中只含有有限个元素，则称为有限集；不是有限集的集合称为无限集．并称不含任何元素的集合为空集，记为$\varnothing$.

集合通常用列举法和描述法以及维恩图等方法表示．列举法就是把集合的全体元素一一列举出来，如自然数集 $\mathbf{N}=\{0,1,2,\cdots\}$．而描述法是把所有给定性质的元素汇集成一个集合一一简洁地给出，如 $A=\{x|x 具有性质 P\}$.

注 （1）全体非负整数组成的集合称为自然数集（或非负整数集），记作 $\mathbf{N}$；全体整数组成的集合称为整数集，记作 **Z**；全体有理数组成的集合称为有理数集，记作 **Q**；全体实数组成的集合称为实数集，记作 **R**.

(2) 有时我们在表示数集字母的右上角（或右下角）标上“+”表示该数集为排除 0 与负数的集合，如所有正整数组成的集合称为正整数集，记为 $\mathbf{N}^{+}$ 或 $\mathbf{N}_{+}$；

(3) 如不特别说明，在本教材中涉及的数均为实数，数集均为实数集，我们也可以把 **R** 表示为数轴.

2. 集合间的基本关系

(1) 对于两个集合 A、B，若集合 A 中的任意一个元素都是集合 B 的元素，我们就说 A、B 有包含关系，称集合 A 为集合 B 的子集，记作 $A\subset B$（或 $B\supset A$），并规定，空集是任何集合的子集.

(2) 若集合 A 是集合 B 的子集，且集合 B 是集合 A 的子集，此时集合 A 中的元素与集合 B 中的元素完全一样，因此集合 A 与集合 B 相等，记作 $A=B$.

(3) 若集合 A 是集合 B 的子集，但存在一个元素属于 A 但不属于 B，我们称集合 A 是集合 B 的真子集. 记作 $A\subsetneqq B$.

3. 集合的运算

设 A、B 是两个集合，由所有属于 A 或者属于 B 的元素组成的集合称为 A 与 B 的并集，记作 $A\cup B$，即 $A\cup B=\{x|x\in A$ 或 $x\in B\}$；

设 A、B 是两个集合，由所有既属于 A 又属于 B 的元素组成的集合称为 A 与 B 的交集，记作 $A\cap B$，即 $A\cap B=\{x|x\in A$ 且 $x\in B\}$；

设 A、B 是两个集合，由所有属于 A 且不属于 B 的元素组成的集合称为 A 与 B 的差集，记作 $A\backslash B$，即 $A\backslash B=\{x|x\in A$ 且 $x\notin B\}$；

如果我们研究的某个问题限定在一个大的集合 I 中进行，所研究的其他集合 A 都是 I 的子集. 此时我们称集合 I 为全集或基础集，称 $I\backslash A$ 为 A 的余集或补集，记作 $C_I(A)$（或 A^C）.

四、区间与邻域

1. 区间

在数轴上来说，区间是指介于某两点之间的线段上点的全体.

(1) 有限区间：

设 $a<b$，称数集 $\{x|a<x<b\}$ 为开区间，记为 (a,b)，即 $(a,b)=\{x|a<x<b\}$. 类似地有 $[a,b]=\{x|a\leqslant x\leqslant b\}$ 称为闭区间，$[a,b)=\{x|a\leqslant x<b\}$、$(a,b]=\{x|a<x\leqslant b\}$ 称为半开区间. 其中 a 和 b 称为区间 (a,b)、$[a,b]$、$[a,b)$、$(a,b]$ 的端点，$b-a$ 称为区间的长度.

(2) 无限区间：

$[a,+\infty)=\{x|x\geqslant a\}$，$(a,+\infty)=\{x|x>a\}$，$(-\infty,b]=\{x|x\leqslant b\}$，$(-\infty,b)=\{x|x<b\}$，$(-\infty,+\infty)=\{x||x|<+\infty\}$.

注　$-\infty$ 和 $+\infty$，分别读作“负无穷大”和“正无穷大”，它们不是数，仅仅是记号，通常分别表示全体实数的下界与上界.

2. 邻域

定义 2 设 $a,\delta\in\mathbf{R}$，且 $\delta>0$，满足不等式 $|x-a|<\delta$ 的实数 x 的全体称为点 a 的 δ 邻域，记作 $U(a,\delta)$，即 $U(a,\delta)=\{x\,|\,|x-a|<\delta\}=\{x\,|\,a-\delta<x<a+\delta\}$. 其中，点 a 称为此邻域的中心，δ 称为此邻域的半径．当不需要指明半径时，有时可以用 $U(a)$ 表示点 a 的一个泛指的邻域．

定义 3 设 $a,\delta\in\mathbf{R}$，且 $\delta>0$，满足不等式 $0<|x-a|<\delta$ 的实数 x 的全体称为点 a 的去心 δ 邻域，记作 $U^{o}(a,\delta)$，即 $U^{o}(a,\delta)=\{x\,|\,0<|x-a|<\delta\}=\{x\,|\,a-\delta<x<a+\delta$，且 $x\neq a\}$. 显然 $U(a,\delta)$ 仅比 $U^{o}(a,\delta)$ 多出一点 a.

此外，我们还会用到以下几种邻域：点 a 的 δ 右邻域 $U_{+}(a,\delta)=\{x\,|\,0\leqslant x-a<\delta\}=[a,a+\delta)$；点 a 的 δ 左邻域 $U_{-}(a,\delta)=\{x\,|\,-\delta<x-a\leqslant 0\}=(a-\delta,a]$；点 a 的去心 δ 右邻域 $U_{+}^{o}(a,\delta)=\{x\,|\,0<x-a<\delta\}=(a,a+\delta)$；点 a 的去心 δ 左邻域 $U_{-}^{o}(a,\delta)=\{x\,|\,-\delta<x-a<0\}=(a-\delta,\ a)$. 以后将 $U_{+}(a,\delta)$ 与 $U_{-}(a,\delta)$ 统称为点 a 的单侧邻域，将 $U_{+}^{o}(a,\delta)$ 与 $U_{-}^{o}(a,\delta)$ 统称为点 a 的去心单侧邻域．

五、数学归纳法

数学归纳法通常是指第一数学归纳法和第二数学归纳法．

对于一个与正整数有关的命题 $P(n)$，用第一数学归纳法证明的步骤如下：

（1）证明 $n=1$ 时，命题 $P(1)$ 成立；

（2）假设 $n=k$ 时，命题 $P(k)$ 成立，能推出 $n=k+1$ 时，命题 $P(k+1)$ 也成立．则命题 $P(n)$ 对一切正整数 n 均成立．

对于一个与正整数有关的命题 $P(n)$，用第二数学归纳法证明的步骤如下：

（1）证明 $n=1$ 时，命题 $P(1)$ 成立；

（2）假设 $n\leqslant k$ 时的正整数，命题均成立，能推出对于 $n=k+1$ 时，命题 $P(k+1)$ 也成立．则命题 $P(n)$ 对一切正整数 n 均成立．

第二节　常用的中学数学概念与公式

由于学习微积分的内容需要一定的中学数学概念与公式，为此，我们进行如下补充．

一、数学符号

高等数学中的语言是文字叙述和数学符号共同组成的，一般来说，数学符号能够使定义、定理的表述更加简洁，因此，本教材仍将沿用中学数学中普遍使用的数学符号．

1. 连词符号

（1）符号“$\Rightarrow$”表示“蕴涵”或“推出”；

（2）符号“$\Leftrightarrow$”表示“充分必要”或“等价”、“当且仅当”；

此外，对于“$A\Rightarrow B$”表示“若命题 A 成立，则命题 B 成立”或“A 是 B 的充分条件”、“B是A的必要条件”；对于“$A \Leftrightarrow B$”表示“命题A与命题B等价”或“A是B的充分必要条件”.

2. 量词符号

(1) 符号“$\forall$”表示“任意”或“任意一个”；

(2) 符号“$\exists$”表示“存在”或“能够找到”.

3. 阶乘符号

(1) 符号“$n!$”表示“不超过n的所有正整数的连乘积”；

(2) 符号“$n!!$”表示“不超过n并与n具有相同奇偶性的正整数的连乘积”.

4. 排列数、组合数符号

(1) 符号“A_n^m”（其中$n,m \in \mathbf{Z}^+$，且$m \leqslant n$）表示“从n个不同元素中取m个元素的排列数”，即$A_n^m = n(n-1)(n-2)\cdots(n-m+1)$；显然$A_n^n = n!$，并规定$0! = 1$.

(2) 符号“C_n^m”（其中$n,m \in \mathbf{Z}^+$，且$m \leqslant n$）表示“从n个不同元素中取m个元素的组合数”，即$C_n^m = \dfrac{A_n^m}{A_m^m} = \dfrac{n(n-1)(n-2)\cdots(n-m+1)}{m!} = \dfrac{n!}{m!\,(n-m)!}$；且有公式$C_n^m = C_n^{n-m}, C_{n+1}^m = C_n^m + C_n^{m-1}$.

5. 其他符号

(1) 符号“max”表示“最大”（它是 maximum 的缩写）；

(2) 符号“min”表示“最小”（它是 minimum 的缩写）；

(3) 符号“$\sum$”表示“求和”或“连加”（它是σ的大写）；

(4) 符号“$\prod$”表示“求积”或“连乘”（它是π的大写）；

(5) 符号“Δ”表示“变量的变化”或“方程的根的判别式”（它是δ的大写）；

(6) 符号“i”表示“虚数单位”，即$i^2 = -1$或$i = \sqrt{-1}$.

二、常用的中学数学公式

1. 整式的乘法和因式分解公式

(1) $(a \pm b)^2 = a^2 \pm 2ab + b^2;\ a^2 - b^2 = (a+b)(a-b)$

(2) $(a \pm b)^3 = a^3 \pm 3a^2b + 3ab^2 \pm b^3;\ (a \pm b)(a^2 \mp ab + b^2) = a^3 \pm b^3$

(3) $a^n - b^n = (a-b)(a^{n-1} + a^{n-2}b + a^{n-3}b^2 + \cdots + b^{n-1}) \quad (n \in \mathbf{Z}^+)$

(4) $(a+b)^n = a^n + C_n^1 a^{n-1}b + C_n^2 a^{n-2}b^2 + \cdots + C_n^k a^{n-k}b^k + \cdots + b^n = \sum\limits_{k=0}^{n} C_n^k a^{n-k} b^k \ (n \in \mathbf{Z}^+)$

2. 有理化因子

(1) $\sqrt{a} \pm \sqrt{b} = \dfrac{(\sqrt{a} \pm \sqrt{b})(\sqrt{a} \mp \sqrt{b})}{\sqrt{a} \mp \sqrt{b}} = \dfrac{a-b}{\sqrt{a} \mp \sqrt{b}}$

(2) $\sqrt[3]{a} \pm \sqrt[3]{b} = \dfrac{(\sqrt[3]{a} \pm \sqrt[3]{b})(\sqrt[3]{a^2} \mp \sqrt[3]{ab} + \sqrt[3]{b^2})}{\sqrt[3]{a^2} \mp \sqrt[3]{ab} + \sqrt[3]{b^2}} = \dfrac{a-b}{\sqrt[3]{a^2} \mp \sqrt[3]{ab} + \sqrt[3]{b^2}}$

3. 一元二次方程$ax^2 + bx + c = 0$（其中$a,b,c \in \mathbf{R}$，且$a \neq 0$）求根公式

(1) 当$\Delta = b^2 - 4ac > 0$时，有两个相异的实数根$x_{1,2} = \dfrac{-b \pm \sqrt{\Delta}}{2a}$；

（2）当$\Delta=b^2-4ac=0$时，有两个相等的实数根$x_{1,2}=-\dfrac{b}{2a}$；

（3）当$\Delta=b^2-4ac<0$时，无实数根，但在复数域内，有两个共轭虚数根$x_{1,2}=\dfrac{-b\pm\sqrt{-\Delta}i}{2a}$.

4. 数列

（1）等差数列（首项为a_1，公差为d）

通项公式$a_n=a_1+(n-1)d$

前n项和公式$S_n=\dfrac{n(a_1+a_n)}{2}=na_1+\dfrac{n(n-1)}{2}d$

（2）等比数列（首项为a_1，公比为q）

通项公式$a_n=a_1q^{n-1}$

前n项和公式$S_n=\dfrac{a_1(1-q^n)}{1-q}=\dfrac{a_1-a_nq}{1-q}$（其中$q\neq1$）

5. 自然数的方幂和公式

（1）$\sum\limits_{k=1}^{n}k=\dfrac{n(n+1)}{2}$

（2）$\sum\limits_{k=1}^{n}k^2=\dfrac{n(n+1)(2n+1)}{6}$

（3）$\sum\limits_{k=1}^{n}k^3=\left[\dfrac{n(n+1)}{2}\right]^2=\dfrac{n^2(n+1)^2}{4}$

6. 对数、幂指运算公式

（1）$\log_a NM=\log_a N+\log_a M$；$\log_a\dfrac{N}{M}=\log_a N-\log_a M(N,M>0$，$a>0$且$a\neq1)$；

$\log_a N^k=k\log_a N$；$a^{\log_a N}=N$(恒等式)$(N>0$，$a>0$且$a\neq1)$.

（2）$a^{n+m}=a^n\cdot a^m$；$a^{n-m}=\dfrac{a^n}{a^m}$，特别地，$a^{-n}=\dfrac{1}{a^n}$；$(a^n)^m=a^{nm}$；$a^{\frac{m}{n}}=\sqrt[n]{a^m}$，$(a>0)$；$a^{-\frac{m}{n}}=\dfrac{1}{\sqrt[n]{a^m}}(a>0)$.

7. 三角公式

（1）特殊角的三角值

α	$\sin\alpha$	$\cos\alpha$	$\tan\alpha$
0	0	1	0
$\frac{\pi}{6}$	$\frac{1}{2}$	$\frac{\sqrt{3}}{2}$	$\frac{\sqrt{3}}{3}$
$\frac{\pi}{4}$	$\frac{\sqrt{2}}{2}$	$\frac{\sqrt{2}}{2}$	1
$\frac{\pi}{3}$	$\frac{\sqrt{3}}{2}$	$\frac{1}{2}$	$\sqrt{3}$
$\frac{\pi}{2}$	1	0	∞

（2）诱导公式

函数＼角	$-\alpha$	$\frac{\pi}{2}\pm\alpha$	$\pi\pm\alpha$	$2k\pi\pm\alpha$
sin	$-\sin\alpha$	$\cos\alpha$	$\mp\sin\alpha$	$\pm\sin\alpha$
cos	$\cos\alpha$	$\mp\sin\alpha$	$-\cos\alpha$	$\cos\alpha$
tan	$-\tan\alpha$	$\mp\cot\alpha$	$\pm\tan\alpha$	$\pm\tan\alpha$

（3）同角的三角基本关系式

① 商数关系 $\tan\alpha=\frac{\sin\alpha}{\cos\alpha}$

② 倒数关系$\sin\alpha\cdot\csc\alpha=1$，即 $\csc\alpha=\frac{1}{\sin\alpha}$（这里 $\csc\alpha$ 称为 α 的余割）

$\cos\alpha\cdot\sec\alpha=1$，即 $\sec\alpha=\frac{1}{\cos\alpha}$（这里 $\sec\alpha$ 称为 α 的正割）

$\tan\alpha\cdot\cot\alpha=1$，即 $\cot\alpha=\frac{1}{\tan\alpha}$（这里 $\cot\alpha$ 称为 α 的余切）

③ 平方关系 $\sin^2\alpha+\cos^2\alpha=1, 1+\tan^2\alpha=\sec^2\alpha, 1+\cot^2\alpha=\csc^2\alpha$

（4）和角公式及其推论

① 和（差）角公式

$\sin(\alpha\pm\beta)=\sin\alpha\cos\beta\pm\cos\alpha\sin\beta$，$\cos(\alpha\pm\beta)=\cos\alpha\cos\beta\mp\sin\alpha\sin\beta$

② 二倍角公式

$\sin2\alpha=2\sin\alpha\cos\alpha$，$\cos2\alpha=\cos^2\alpha-\sin^2\alpha=2\cos^2\alpha-1=1-2\sin^2\alpha$

③ 半角公式

$\cos^2\alpha=\frac{1+\cos2\alpha}{2}\left(或 \cos\frac{\alpha}{2}=\pm\sqrt{\frac{1+\cos\alpha}{2}}\right)$

$\sin^2\alpha=\frac{1-\cos2\alpha}{2}\left(或 \sin\frac{\alpha}{2}=\pm\sqrt{\frac{1-\cos\alpha}{2}}\right)$

$\tan\frac{\alpha}{2}=\frac{\sin\alpha}{1+\cos\alpha}=\frac{1-\cos\alpha}{\sin\alpha}\left(或 \tan\frac{\alpha}{2}=\pm\sqrt{\frac{1-\cos\alpha}{1+\cos\alpha}}\right)$

④ 和差化积公式

$\sin\alpha+\sin\beta=2\sin\frac{\alpha+\beta}{2}\cos\frac{\alpha-\beta}{2}$

$\sin\alpha-\sin\beta=2\cos\frac{\alpha+\beta}{2}\sin\frac{\alpha-\beta}{2}$

$\cos\alpha+\cos\beta=2\cos\frac{\alpha+\beta}{2}\cos\frac{\alpha-\beta}{2}$

$\cos\alpha-\cos\beta=-2\sin\frac{\alpha+\beta}{2}\sin\frac{\alpha-\beta}{2}$

⑤ 积化和差公式

$\sin\alpha\cos\beta=\frac{1}{2}[\sin(\alpha+\beta)+\sin(\alpha-\beta)]$

$\cos\alpha\cos\beta=\frac{1}{2}[\cos(\alpha+\beta)+\cos(\alpha-\beta)]$

$\sin\alpha\sin\beta=-\frac{1}{2}[\cos(\alpha+\beta)-\cos(\alpha-\beta)]$

8. 极坐标变换公式

在平面上取一定点 O，称为极点；从极点 O 出发，引一射线 Ox，称为极轴；再取定单位长度，这样便在平面上建立了极坐标系．设 P 是该平面内任意一点，它到极点 O 的距离 $|OP|$ 记为 ρ，射线 OP 与极轴 Ox 的夹角 $\angle xOP$ 记为 θ，$0\leqslant\theta<2\pi$. 于是得到一个有序数对 (ρ,θ). 反之，给定一个有序数对 (ρ,θ)，$\rho\geqslant0$，$0\leqslant\theta<2\pi$，可以在该平面内确定一个点．因此，把有序数对 (ρ,θ) 称为点 P 的极坐标，而 ρ 称为极径，θ 称为极角．

特别地，如果在该平面上建立直角坐标系，使它的原点与极点重合，x 轴的正方向与极轴重合，并且度量单位和极坐标系的度量单位相同，则对于该平面上点 P 的直角坐标 (x,y) 与极坐标 (ρ,θ)（这里 $\rho\geqslant0$），有以下变换公式：

$$\begin{cases}x=\rho\cos\theta\\ y=\rho\sin\theta\end{cases} \quad 与 \quad \begin{cases}\rho=\sqrt{x^2+y^2}\\ \theta=\arctan\dfrac{y}{x},(x\neq0)\end{cases}$$

第三节　函数概念

关于函数概念，在中学数学教材中已经作了一些介绍，但是在自然科学、工程技术、经济数学等领域中，函数是应用非常广泛的数学概念之一，同时也在高等数学中处于核心地位，是微积分课程研究的主要对象．因此，根据本课程以及相关后继课程的需要，我们将对函数作进一步的深入讨论．

一、函数的定义

定义 1　设非空数集 $D\subset\mathbf{R}$，若存在一个对应法则 f，使得对任一 $x\in D$，都有唯一确定的一个实数 y，则称为 f 定义在 D 上的函数，其中 x 称为自变量，y 称为因变量，D 称为定义域．x 所对应的 y 称为 f 在 x 的函数值，通常简记为 $y=f(x),x\in D$，全体函数值的集合 $f(D)=\{y|y=f(x),x\in D\}$ 称为函数的值域．

注　(1) 记号 f 和 $f(x)$ 的含义是有区别的，前者表示自变量 x 和因变量 y 之间的对应法则，而后者表示与自变量 x 对应的函数值．为了叙述方便，习惯上常用记号“$f(x),x\in D$”或“$y=f(x),x\in D$”理解为 D 上的函数；

(2) 由定义容易看出构成函数的要素是定义域 D 及对应法则 f．若两个函数的定义域相同，对应法则也相同，则这两个函数就是相同的，否则就是不同的．例如，函数 $f(x)=\dfrac{1-x^2}{1-x}$ 与 $g(x)=1+x$ 是不同的，因为它们的定义域不同；

(3) 在中学数学中已经介绍过函数的定义域通常取使函数 $y=f(x)$ 有意义的实数 x 的全体，这种定义域也可以称为函数的自然定义域，在这种情况下，我们有时将定义域 D 省略．例如，函数 $f(x)=\sqrt{1-x^2}$ 虽然没有指出定义域，但是我们容易求出

它的定义域是 $D=\{x|-1\leqslant x\leqslant 1\}$ 或者 $D=[-1,1]$.

确定函数的定义域时，往往把使函数 $y=f(x)$ 无意义的点去掉即可得到该函数的定义域. 如偶次方根下被开方数不能为负数，分式的分母不能为零，对数的真数必须为正数等. 另外，对于有实际背景的函数，函数的定义域应由实际背景中变量的实际意义来确定.

（4）在函数的定义中，对每个 $x\in D$，对应的函数值 y 总是唯一的，这样定义的函数称为单值函数. 如果给定一个对应法则，按这个法则，对每个 $x\in D$，总有确定的 y 值与之对应，但这个 y 不总是唯一的，我们称这种法则确定了一个多值函数. 对于多值函数，往往只要附加一些条件，就可以将它化为单值函数，这样得到的单值函数称为多值函数的单值分支. 本教材一般讨论单值函数情形.

（5）函数的表示方法主要有三种：图形法、表格法、公式法（解析法）. 图形法表示函数非常直观，一目了然；表格法使用方便，便于求函数值；而公式法表达清晰、紧凑，在理论研究、推导论证中容易表达，是应用最广泛的一种方法.

（6）在实际应用中经常遇到这样的函数：在自变量的不同变化范围中，对应法则用不同表达式来表示的一个函数，我们称这类函数为分段函数. 分段函数在经济问题中应用非常广泛，如出租车价格的计算、所得税的计算、邮件的资费计算方法等都可用分段函数表示.

下面举几个函数的例子.

例 1　求函数 $y=\dfrac{1}{x}-\sqrt{x^2-4}$ 的定义域.

解　要使表达式有意义，必须 $x\neq 0$，且 $x^2-4\geqslant 0$. 解得 $|x|\geqslant 2$.

所以该函数的定义域为 $D=\{x||x|\geqslant 2\}$，或 $D=(-\infty,-2]\cup[2,+\infty)$.

例 2　函数 $y=C$ 称为常值函数. 其定义域为 $D=(-\infty,+\infty)$，值域为 $f(D)=\{C\}$. 它的图形如图 1-1 所示.

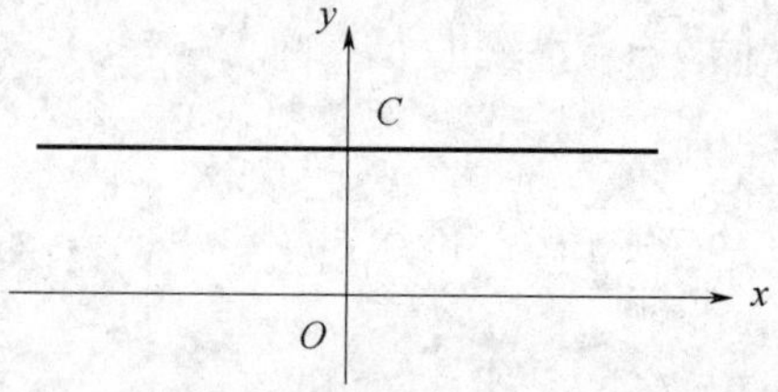

图 1-1

例 3　函数 $y=|x|=\begin{cases}x, & x\geqslant 0\\ -x, & x<0\end{cases}$ 称为绝对值函数. 其定义域为 $D=(-\infty,+\infty)$，值域为 $f(D)=[0,+\infty)$. 它的图形如图 1-2 所示.

例 4　函数 $y=\operatorname{sgn} x=\begin{cases}1, & x>0\\ 0, & x=0\\ -1, & x<0\end{cases}$ 称为符号函数. 其定义域为 $D=(-\infty,+\infty)$，值域为 $f(D)=\{-1,0,1\}$. 它的图形如图 1-3 所示.

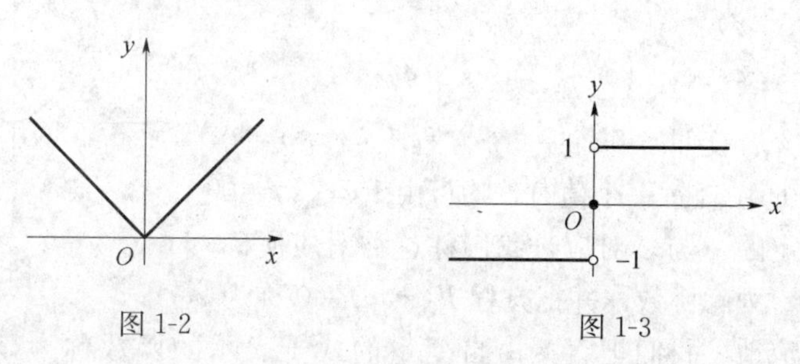

图 1-2　　图 1-3

例 5 设 x 为任一实数．不超过 x 的最大整数称为 x 的整数部分，记作$[x]$．函数 $y=[x]$称为取整函数．其定义域为 $D=(-\infty, +\infty)$，值域为 $f(D)=\mathbf{Z}$．它的图形如图 1-4 所示．

例 6 设 x 为任一实数．$f(x)=x-[x]$．其定义域为 $D=(-\infty, +\infty)$，值域为 $f(D)=[0,1)$．它的图形如图 1-5 所示．

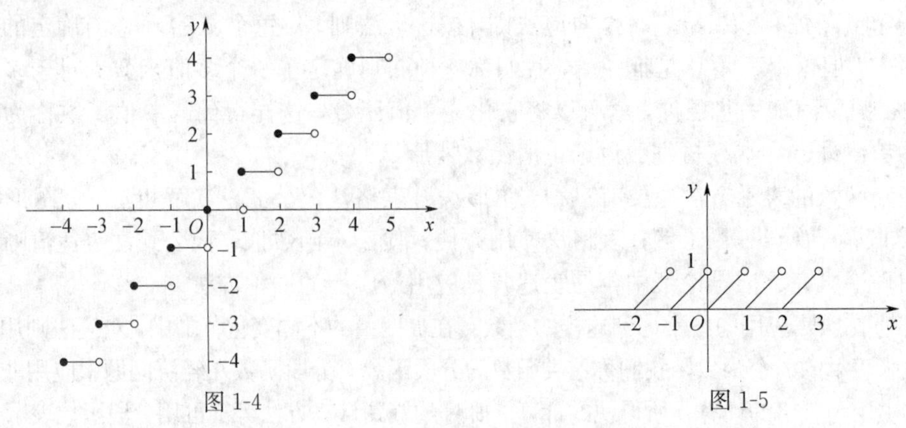

图 1-4　　图 1-5

例 7 “当 x 为有理数时，对应 $y=1$；当 x 为无理数时，对应 $y=0$.”这个函数称为狄利克雷函数，记为 $y=D(x)=\begin{cases}1, x\text{ 是有理数}\\0, x\text{ 是无理数}\end{cases}$．其定义域为 $D=(-\infty, +\infty)$，值域为 $f(D)=\{0,1\}$．因为数轴上的有理点与无理点都是稠密的，所以它的图像不能在数轴上准确地描绘出来．

例 8 已知函数 $f(x)=\begin{cases}x^2, & -1\leqslant x<1\\ \dfrac{3}{2}, & x=1\\ 2x, & 1<x\leqslant 2\end{cases}$，(1)求 $f(x)$的定义域并作图；(2) 求函数值 $f\left(-\dfrac{1}{2}\right)$，$f(1)$；$f\left(\dfrac{3}{2}\right)$.

解 这是一个分段函数，其定义域为 $D=[-1,1)\cup\{1\}\cup(1,2]=[-1,2]$，该函数的图形如图 1-6 所示．

当 $-1\leqslant x<1$ 时，$y=x^2$，则 $f\left(-\dfrac{1}{2}\right)=\left(-\dfrac{1}{2}\right)^2=\dfrac{1}{4}$；

当 $x=1$ 时，$f(1)=\dfrac{3}{2}$；

而当 $x>1$ 时，$y=2x$，则 $f\left(\dfrac{3}{2}\right)=2\times\dfrac{3}{2}=3$.

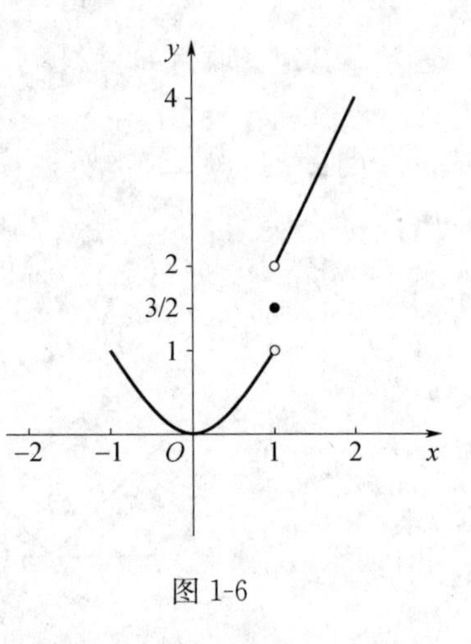

图 1-6

定义 2 在含有变量 x、y 的一个方程 $F(x,y)=0$ 中，当 x 取集合 D 中任意一个值时，均可由 $F(x,y)=0$ 得以得到唯一确定的 y 与之对应，我们称这种对应所确定的函数 $y=y(x)$为隐函数，并把方程 $F(x,y)=0$ 称为隐函数方程．相应地，我们把直接由自变量的式子表示的函数称为显函数．如方程

$y=x^2$，$y=\sin x$ 等都是显函数，而方程 $x^2+y^2=1$、$e^y+xy-e^x=0$ 则是隐函数，方程$x^2+y^2=1$ 可以确定两个隐函数$y=\sqrt{1-x^2}$ 和$y=-\sqrt{1-x^2}$，$x\in[-1,1]$，即可以化为显函数，这个过程称为隐函数的显化，但是方程 $e^y+xy-e^x=0$ 却无法显化，因此并不是每个隐函数都可以显化，所以隐函数也是表达函数的一种必不可少的形式．

定义 3　若变量 x、y 之间的函数关系是通过参数方程$\begin{cases}x=\varphi(t)\\y=\psi(t)\end{cases}$（这里 t 为参数）给出，我们称这种函数 $y=y(x)$ 为由参数方程确定的函数．如中学数学中的参数方程$\begin{cases}x=R\cos t\\y=R\sin t\end{cases}(R>0)$表示一个半径为 R 的一个圆，即 $x^2+y^2=R^2$．

定义 4（常见的几类经济函数）　厂商在从事生产经营活动中，总希望尽可能地降低产品的生产成本，增加收入与利润，而成本、收入、利润等经济变量都与产品的产量或销售量密切相关，因此，在忽略其他次要影响因素的情况下，上述变量（用 x 表示）可以看做为产品的产量或销售量的函数，把我们通常分别称为总成本函数（或成本函数），记作 $C=C(x)$；总收入函数（或收入函数），记作 $R=R(x)$；总利润函数（或利润函数），记作 $L=L(x)$．显然，x 个产品的成本函数 $C(x)$、收入函数 $R(x)$和利润函数 $L(x)$之间具有以下关系：$L(x)=R(x)-C(x)$．

此外，由于一种商品的市场需求总量与该商品的价格有着密切关系，一般会出现降价时需求量增加，涨价时需求量减少的规律．因此，在忽略影响需求量的其他次要因素的情况下，需求量可以看做商品的价格（用 p 表示）的函数，把我们通常称为需求函数，记作 $Q=Q(p)$．

二、函数的几种特性

1. 函数的有界性

设函数 $f(x)$的定义域为 D，数集 $X\subset D$．若存在常数 K_1，对于任意 $x\in X$，都有 $f(x)\leqslant K_1$，则称函数 $f(x)$在 X 上有上界，并称 K_1 为函数 $f(x)$在 X 上的一个上界．容易知道此时函数 $y=f(x)$的图形总在直线 $y=K_1$ 的下方．

若存在常数 K_2，对于任意 $x\in X$，有 $f(x)\geqslant K_2$，则称函数 $f(x)$在 X 上有下界，并称 K_2 为函数 $f(x)$在 X 上的一个下界．同样可以看出函数 $y=f(x)$的图形总在直线 $y=K_2$ 的上方．

若存在正常数 M，对于任意 $x\in X$，有$|f(x)|\leqslant M$，则称函数 $f(x)$在 X 上有界，一般也称函数 $f(x)$为有界函数；如果这样的 M 不存在，则称函数 $f(x)$在 X 上无界．

显然，有界函数必有上界和下界；反之，既有上界又有下界的函数必是有界函数．此外，有界函数的图形一定位于两条平行直线 $y=-M$ 和 $y=M$ 之间．

如 $f(x)=\sin x$ 在$(-\infty,+\infty)$上是有界函数（因为$|\sin x|\leqslant 1$），而函数 $f(x)=\dfrac{1}{x}$ 在开区间$(0,1)$内无上界，但它在$(1,2)$内是有界函数．

2. 函数的单调性

设函数 $y=f(x)$的定义域为 D，区间 $I\subset D$．如果对于区间 I 上任意两点 x_1 及 x_2，

当 $x_1<x_2$ 时，恒有 $f(x_1)\leqslant f(x_2)$，则称函数 $f(x)$ 在区间 I 上是单调增加的，区间 I 称单调增区间．特别地当严格不等式 $f(x_1)<f(x_2)$ 成立时，则称函数 $f(x)$ 在区间 I 上是严格单调增加的．

如果对于区间 I 上任意两点 x_1 及 x_2，当 $x_1<x_2$ 时，恒有 $f(x_1)\geqslant f(x_2)$，则称函数 $f(x)$ 在区间 I 上是单调减少的，区间 I 称为单调减区间．特别地当严格不等式 $f(x_1)>f(x_2)$ 成立时，则称函数 $f(x)$ 在区间 I 上是严格单调减少的．

单调增加和单调减少的函数统称为单调函数．严格单调增加和严格单调减少的函数统称为严格单调函数．

如函数 $y=x^2$ 在区间 $(-\infty, 0]$ 上是严格单调减少的，在区间 $[0, +\infty)$ 上是严格单调增加的，在 $(-\infty, +\infty)$ 上不是单调函数．

容易看出，严格单调函数的图像与任一平行于 x 轴的直线至多有一个交点．

3. 函数的奇偶性

设函数 $f(x)$ 的定义域 D 关于原点对称（即若 $x\in D$，则 $-x\in D$）．如果对于任一 $x\in D$，有 $f(-x)=f(x)$，则称 $f(x)$ 为偶函数．

如果对于任一 $x\in D$，有 $f(-x)=-f(x)$，则称 $f(x)$ 为奇函数．

从函数图形上可以看出，偶函数的图形关于 y 轴对称，奇函数的图形关于原点对称．

如 $y=x^2$，$y=\cos x$ 都是偶函数，$y=x^3$，$y=\sin x$ 都是奇函数，$y=0$ 既是奇函数也是偶函数，而 $y=\sin x+\cos x$ 既不是奇函数也不是偶函数．

4. 函数的周期性

设函数 $f(x)$ 的定义域为 D. 如果存在一个正数 T，使得对于任一 $x\in D$，有 $x\pm T\in D$，且 $f(x+T)=f(x)$，则称 $f(x)$ 为周期函数，T 称为 $f(x)$ 的周期．显然，若 T 为 $f(x)$ 的周期，则 nT（其中 $n\in\mathbf{Z}^+$）也为 $f(x)$ 的周期．若在周期函数 $f(x)$ 的所有周期中有一个最小的周期，则称此周期为 $f(x)$ 的最小正周期，或简称为周期．

如 $y=\sin x$，$y=\cos x$ 的周期为 2π，$y=\tan x$，$y=\cot x$ 的周期为 π. 函数 $y=x-[x]$ 的周期为 1，狄利克雷函数 $D(x)$ 以任何正有理数为其周期，而常量函数 $y=C$（其中 C 为常值）是以任何正数为周期的周期函数．可见，周期函数不一定存在最小正周期．

我们容易看出，在周期函数的定义域内每个长度为 T 的区间上，函数的图形的形状完全相同．

三、反函数

函数 $y=f(x)$ 的自变量 x 与因变量 y 的关系往往是相对的，有时我们不仅要研 y 随 x 而变化的状况，有时也需要研究 x 随 y 而变化的状况．为此，我们引入反函数的概念．

定义 4 设有函数 $y=f(x)$，$x\in D$，若在函数的值域内任取一个 y 值时，在函数的定义域内有且仅有一个 x 值与之对应，则变量 x 是变量 y 的函数．我们称此函数为 $y=f(x)$ $(x\in D)$ 的反函数．一般记为 $x=f^{-1}(y)$，$y\in f(D)$.

注 (1) 由定义可知，函数 $y=f(x)$，$x\in D$ 也是函数 $x=f^{-1}(y)$，$y\in f(D)$ 的反函

数，进一步地，$y=f(x),x\in D$ 与 $x=f^{-1}(y),y\in f(D)$ 互为反函数．此外，相对于反函数 $x=f^{-1}(y),y\in f(D)$ 来说，我们往往称原来的函数 $y=f(x),x\in D$ 为直接函数．

(2) 在中学数学教材已经指出，习惯上，我们可以把 $x=f^{-1}(y),y\in f(D)$ 中的变量 x 与变量 y 对调，这样，函数 $y=f(x),x\in D$ 的反函数就可以写为 $y=f^{-1}(x)$，$x\in f(D)$，所以反函数的定义域就是其直接函数的值域，反函数的值域就是其直接函数的定义域．

(3) 把函数 $y=f(x)$ 和它的反函数 $y=f^{-1}(x)$ 的图形画在同一坐标平面上，这两个图形关于直线 $y=x$ 是对称的．这是因为如果 $P(a,b)$ 是 $y=f(x)$ 图形上的点，则有 $b=f(a)$．按反函数的定义，有 $a=f^{-1}(b)$，故 $Q(b,a)$ 是 $y=f^{-1}(x)$ 图形上的点；反之，若 $Q(b,a)$ 是 $y=f^{-1}(x)$ 图形上的点，则 $P(a,b)$ 是 $y=f(x)$ 图形上的点．显然 $P(a,b)$ 与 $Q(b,a)$ 是关于直线 $y=x$ 对称的，所以反函数 $y=f^{-1}(x),x\in f(D)$ 的图像与直接函数 $y=f(x),x\in D$ 的图像关于直线 $y=x$ 对称．

(4) 可以证明，若 $f(x)$ 是定义在 D 上的严格单调函数，则 $f(x)$ 的反函数 $f^{-1}(x)$ 必定存在，且 $f^{-1}(x)$ 也是 $f(D)$ 上的严格单调函数．

例 9　求 $y=2^x$ 的反函数．

解　由 $y=2^x$ 解得 $x=\log_2 y$．将变量 x 与变量 y 对调，得到所求的反函数为 $y=\log_2 x$ $(x>0)$．它们的图形在同一直角坐标系中是关于直线 $y=x$ 对称的（图 1-7）．

一般来说，$y=f(x),x\in D$ 的反函数不一定都存在．如 $y=x^2$，其定义域为 $(-\infty,+\infty)$，值域为 $[0,+\infty)$．对于 y 取定的非负值，可求得 $x=\pm\sqrt{y}$．若我们不加条件，由 y 的值就不能唯一确定 x 的值，也就是在区间 $(-\infty,+\infty)$ 上，函数不是严格增（减），故其没有反函数．如果我们加上限制条件为 $x\leqslant 0$，那么函数 $y=x^2,x\leqslant 0$ 则严格单调减，进而存在反函数，容易求出它的反函数为 $y=-\sqrt{x},x\geqslant 0$.

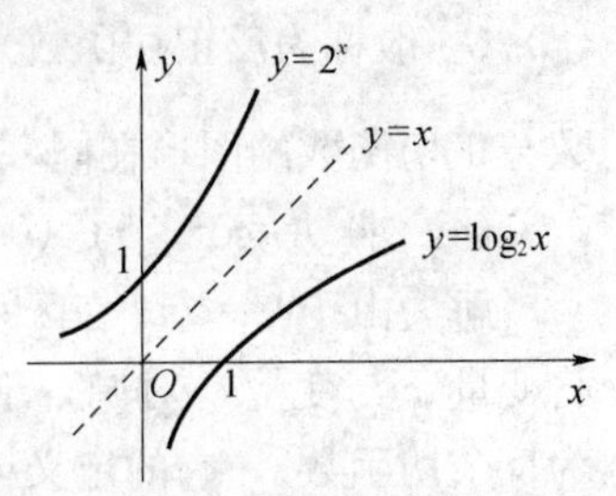

图 1-7

由于三角函数是周期函数，对于值域内的每个 y 值，都有无穷多个 x 值与之对应，故在整个定义域上三角函数不存在反函数．但是，如果限制 x 的取值区间，使得三角函数在选取的区间上为严格单调函数时就可以建立其反函数，把在这样的严格单调区间上所建立起来的反函数称为反三角函数．

例 10　(1) 求 $y=\sin x$，$x\in\left[-\frac{\pi}{2},\frac{\pi}{2}\right]$ 的反函数．

解　由于 $y=\sin x$ 在区间 $\left[-\frac{\pi}{2},\frac{\pi}{2}\right]$ 上单调增加，值域为 $[-1,1]$．进而解得 $x=\arcsin y$．将变量 x 与变量 y 对调，于是所求的反函数为 $y=\arcsin x,x\in[-1,1]$（一般称为反正弦函数），它的定义域是 $[-1,1]$，值域为 $\left[-\frac{\pi}{2},\frac{\pi}{2}\right]$．反正弦函数与正弦函数的图形在同一直角坐标系中是关于直线 $y=x$ 对称的（图 1-8）．

(2) 求 $y=\cos x,x\in[0,\pi]$ 的反函数．

解　由于 $y=\cos x$ 在区间 $[0,\pi]$ 上单调减少，值域为 $[-1,1]$．进而解得 $x=\arccos y$．将变量 x 与变量 y 对调，于是所求的反函数为 $y=\arccos x,x\in[-1,1]$（一般称为反余弦

函数），它的定义域是$[-1,1]$，值域为$[0,\pi]$. 反余弦函数与余弦函数的图形在同一直角坐标系中是关于直线 $y=x$ 对称的（图 1-9）.

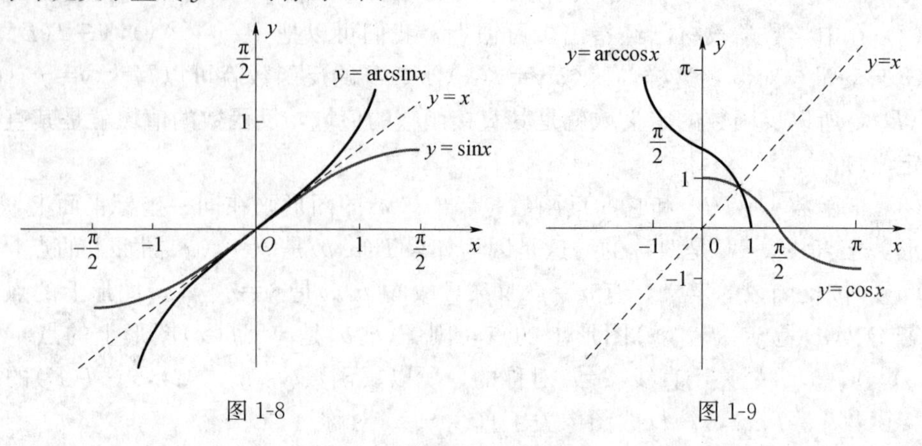

图 1-8 图 1-9

（3）求 $y=\tan x, x\in\left(-\frac{\pi}{2},\frac{\pi}{2}\right)$的反函数 .

解 由于 $y=\tan x$ 在区间$\left(-\frac{\pi}{2},\frac{\pi}{2}\right)$上单调增加，值域为$(-\infty,+\infty)$. 进而解得 $x=\arctan y$. 将变量 x 与变量 y 对调，于是所求的反函数为 $y=\arctan x, x\in(-\infty,+\infty)$（一般称为反正切函数），它的定义域是$(-\infty,+\infty)$，值域为$\left(-\frac{\pi}{2},\frac{\pi}{2}\right)$. 反正切函数与正切函数的图形在同一直角坐标系中是关于直线 $y=x$ 对称的（图 1-10）.

（4）求 $y=\cot x, x\in(0,\pi)$的反函数 .

解 由于 $y=\cot x$ 在区间$(0,\pi)$上单调减少，值域为$(-\infty,+\infty)$. 进而解得 $x=\operatorname{arccot} y$. 将变量 x 与变量 y 对调，于是所求的反函数为 $y=\operatorname{arccot} x$，$x\in(-\infty,+\infty)$（一般称为反余切函数），它的定义域是$(-\infty,+\infty)$，值域为$(0,\pi)$. 反余切函数与余切函数的图形在同一直角坐标系中是关于直线 $y=x$ 对称的（图 1-11）.

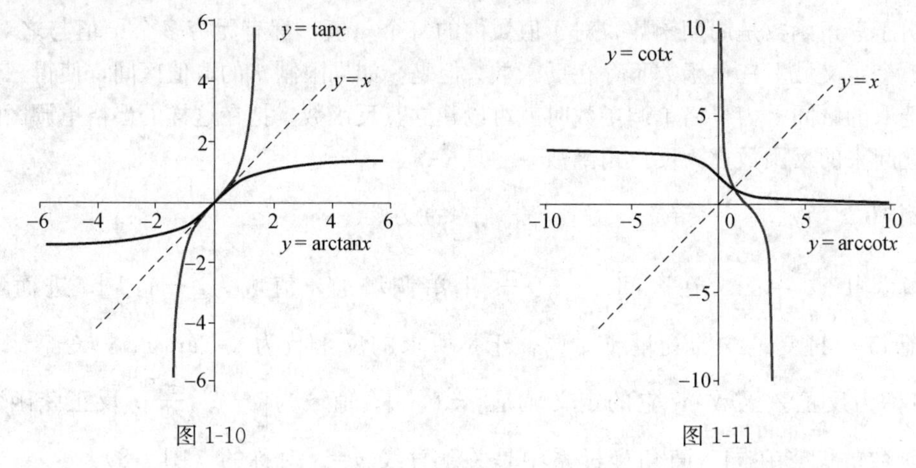

图 1-10 图 1-11

四、基本初等函数

至此，初等数学中讨论的函数大多是由下列最常见的六种函数构成的，它们分别是：常量函数、幂函数、指数函数、对数函数、三角函数及反三角函数．通常，我们将上述六类函数统称为基本初等函数．具体如下：

常量函数：$y=C$（C是常数）；

幂函数：$y=x^{\mu}$（$\mu\in\mathbf{R}$是常数）；

指数函数：$y=a^{x}$（$a>0$且$a\neq1$）；

对数函数：$y=\log_{a}x$（$a>0$且$a\neq1$）；

特别当$a=\mathrm{e}$时，记为$y=\ln x$（自然对数）；当$a=10$时，记为$y=\lg x$（常用对数）；

三角函数：$y=\sin x$（正弦函数），$y=\cos x$（余弦函数），$y=\tan x$（正切函数），$y=\cot x$（余切函数），$y=\sec x=\dfrac{1}{\cos x}$（正割函数），$y=\csc x=\dfrac{1}{\sin x}$（余割函数）．

反三角函数：$y=\arcsin x$（反正弦函数），$y=\arccos x$（反余弦函数），$y=\arctan x$（反正切函数），$y=\operatorname{arccot} x$（反余切函数）．

五、复合函数

设函数$y=f(u)$的定义域为E，函数$u=g(x)$在D上有定义且$g(D)\cap E\neq\varnothing$，记$E^{*}=\{x\mid g(x)\in E,x\in D\}$，则对于$\forall x\in E^{*}$，可通过函数$g(x)$对应$D$内唯一的一个值$u$，而$u$又通过函数$f(u)$对应$E$内唯一的一个值$y$．这样就确定了一个定义在$E^{*}$上的函数，它以$x$为自变量，$y$为因变量，记作$y=f[g(x)],x\in E^{*}$．我们称此函数为由函数$u=g(x)$和函数$y=f(u)$构成的复合函数，$u$称为中间变量，也可称$f(u)$为外函数，$g(x)$为内函数．

注　（1）$u=g(x)$和函数$y=f(u)$构成的复合函数$f[g(x)]$的条件是：函数$g(x)$在D上的值域$g(D)$必须与$f(u)$的定义域E的交非空．否则，不能构成复合函数．即不是任意两个函数都能复合成复合函数的．

如$y=f(u)=\arcsin u$与$u=g(x)=\sqrt{1-x^2}$可以构成复合函数$y=\arcsin\sqrt{1-x^2}$，$x\in[-1,1]$，因为$f(u)$的定义域是$[-1,1]$，$g(x)$的值域是$[0,+\infty)$，显然$[-1,1]\cap[0,+\infty)\neq\varnothing$．

但函数$y=f(u)=\arcsin u$和函数$u=g(x)=2+x^2$不能构成复合函数，这是因为$f(u)$的定义域是$[-1,1]$，$g(x)$的值域是$[2,+\infty)$，显然$[-1,1]\cap[2,+\infty)=\varnothing$．

（2）复合函数可以由两个以上的函数经过复合构成．

如由三个函数$y=\sqrt{u}$，$u=\cot v$，$v=\dfrac{x}{2}$可以构成复合函数$y=\sqrt{\cot\dfrac{x}{2}}$．

六、函数的四则运算

设函数$f(x)$，$g(x)$的定义域依次为D_1，D_2，$D=D_1\cap D_2\neq\varnothing$，则我们可以定义这两个函数的下列运算：

和（差）$f\pm g$：$(f\pm g)(x)=f(x)\pm g(x)$，$x\in D$；

积$f\cdot g$：$(f\cdot g)(x)=f(x)\cdot g(x)$，$x\in D$；

商$\dfrac{f}{g}$：$\left(\dfrac{f}{g}\right)(x)=\dfrac{f(x)}{g(x)}$，$x\in D\setminus\{x\mid g(x)=0\}$．

例 11 设函数 $f(x)$ 的定义域为 $(-l,l)$，证明必存在 $(-l,l)$ 上的偶函数 $g(x)$ 及奇函数 $h(x)$，使得 $f(x)=g(x)+h(x)$.

证 令 $g(x)=\frac{1}{2}[f(x)+f(-x)],h(x)=\frac{1}{2}[f(x)-f(-x)]$,则

$f(x)=g(x)+h(x)$,

这里 $g(-x)=\frac{1}{2}[f(-x)+f(x)]=g(x)$，即 $g(x)$ 为偶函数.

$h(-x)=\frac{1}{2}[f(-x)-f(x)]=-\frac{1}{2}[f(x)-f(-x)]=-h(x)$，即 $h(x)$ 为奇函数，

七、初等函数

由基本初等函数经过有限次的四则运算和有限次的函数复合构成并可用一个式子表示的函数，称为初等函数.

如 $y=\sin^2 x$，$y=\ln(x+\sqrt{1+x^2})$，$y=\sqrt{\cot\frac{x}{2}}$，$y=e^{\frac{1}{\sin x}}$，$y=|x|=\sqrt{x^2}$ 等都是初等函数. 容易看出 $P_n(x)=a_0+a_1x+a_2x^2+\cdots+a_nx^n$（这里 $a_i\in\mathbf{R},i=0,1,2,\cdots,n$，其中 $n\in\mathbf{N}$ 且 $a_n\neq 0$）是初等函数（该函数是由常量函数和幂函数构成，我们通常称该函数为 n 次多项式函数，a_i 称为多项式的系数）；进一步地，函数 $f(x)=\frac{P_n(x)}{Q_m(x)}$，其中 $P_n(x),Q_m(x)$ 分别为 n 次多项式函数和 m 次多项式函数，也是初等函数，通常称 $f(x)=\frac{P_n(x)}{Q_m(x)}$ 为有理函数.

此外，对于函数 $f(x)^{g(x)}$，其中 $f(x),g(x)$ 均为初等函数，且 $f(x)>0$，我们由对数恒等式可知 $f(x)^{g(x)}=e^{\ln f(x)^{g(x)}}=e^{g(x)\ln f(x)}$，可见 $f(x)^{g(x)}$ 为初等函数，以后我们把形如 $f(x)^{g(x)}$ 的函数称为幂指函数.

习　题　一

(A)

1. 求下列函数的定义域.

(1) $f(x)=\sqrt{\frac{3-x}{x+2}}$；　(2) $y=\ln(x^2-3x+2)$；

(3) $f(x)=\frac{\sqrt{x+1}}{\ln(2-x)}$；　(4) $y=\arcsin(2x-3)$；

(5) $f(x)=\frac{\sqrt{4-x^2}}{x^2-4x+3}$；　(6) $y=\lg(5-x)+\arcsin\frac{x-1}{6}+\frac{1}{\sqrt{x+1}}$.

2. 下列各题中，函数 $f(x)$ 与 $g(x)$ 是否相同，为什么？

(1) $f(x)=1$ 与 $g(x)=\frac{x}{x}$；　(2) $f(x)=2\ln x$ 与 $g(x)=\ln x^2$；

(3) $f(x)=\sqrt{1-\cos^2 x}$ 与 $g(x)=\sin x$；　(4) $f(x)=\tan^2 x$ 与 $g(x)=\sec^2 x-1$；

(5) $f(x)=x$ 与 $g(x)=\sqrt{x^2}$；　(6) $f(x)=x$ 与 $g(x)=e^{\ln x}$；

(7) $f(x)=\sqrt{x(x-1)}$ 与 $g(x)=\sqrt{x}\sqrt{x-1}$；

(8) $f(x)=1$ 与 $g(x)=\cos^2 x+\sin^2 x$.

3. 求下列函数值.

(1) 设 $f(x)=\arcsin(\ln x)$，求 $f\left(\frac{1}{e}\right),f(1),f(e)$.

(2) 设 $f(x)=\begin{cases}2x+3, x\leqslant 0\\ 2^x, x>0\end{cases}$，求 $f(-2),f(0),f(2),f[f(-1)]$.

(3) 设 $f(x)=\begin{cases}x^2, x\geqslant 0\\ x, x<0\end{cases}$, $g(x)=5x-4$，求 $f[g(0)]$.

4. 讨论下列函数的单调性.

(1) $f(x)=x^3$；　(2) $f(x)=|x+1|, x\in[-3,1]$.

5. 讨论下列函数是否有界.

(1) $f(x)=\arctan x$；　(2) $f(x)=\sin\frac{1}{x}$；

(3) $f(x)=\frac{x^2}{x^2+1}$；　(4) $f(x)=e^{-x^2}$.

6. 讨论下列函数的奇偶性.

(1) $f(x)=x^4+3x^2-1$；　(2) $f(x)=x+\sin x$；

(3) $f(x)=(1-x)\sqrt{\frac{1+x}{1-x}}$；　(4) $f(x)=\lg(x+\sqrt{1+x^2})$.

7. 判别下列函数是否为周期函数，若是周期函数，求出其周期.

（1）$f(x)=\sin x+\cos x$；（2）$f(x)=|\sin x|$；

（3）$f(x)=\tan 3x$；（4）$f(x)=x\sin x$.

8. 求下列函数的反函数.

（1）$y=\dfrac{1-x}{1+x}$；（2）$y=x^2,x<0$；

（3）$y=2\sin 3x,-\dfrac{\pi}{6}\leqslant x\leqslant\dfrac{\pi}{6}$；（4）$y=1+\ln(x+2)$.

9. 设 $f(x)=2^x,g(x)=x^2$，求 $f[f(x)],f[g(x)],g[f(x)],g[g(x)]$.

10. 指出下列函数的复合过程.

（1）$y=\sin 5x$；（2）$y=(1+x)^{20}$；

（3）$y=e^{\frac{1}{x}}$；（4）$y=\sin^2 x$；

（5）$y=\ln(\cos x^2)$；（6）$y=\ln(\sin\sqrt{x})$；

（7）$y=e^{\arctan\frac{1}{x}}$；（8）$y=\arctan[\cos^3(1+x^2)]$.

(B)

1. 函数 $y=f(x)$的定义域是$[1,5]$，求 $f(x^2+1)$的定义域.

2. 设函数 $f(x)=\dfrac{x}{\sqrt{1+x^2}}$，则 $f[f(x)]$，$\underbrace{f\{f[\cdots f(x)]\}}_{n次}$.

3. 设 $f(x)=\begin{cases}2,x\leqslant 0\\ x^2,x>0\end{cases}$ 与 $g(x)=\begin{cases}-x^2,x\leqslant 0\\ x^3,x>0\end{cases}$，求 $f[g(x)]$.

4. 已知函数 $f(\sin x)=1+\cos 2x$，求 $f(\cos x)$.

5. 设函数 $f(x)$为$[-a,a]$上的奇（偶）函数，证明：若 $f(x)$在$[0,a]$上单调增加，则 $f(x)$在$[-a,0]$上单调增加（单调减少）.

6. 设函数 $f(x)$在数集 D 上有定义，证明：$f(x)$在 D 上有界的充分必要条件是它在 D 上既有上界又有下界.

第二章　极限与连续

第一节　数列极限

我们在预备知识中已经指出，微积分研究的对象主要是函数，在中学数学课程中已经讨论过的数列可以视为自变量为正整数的一类特殊函数．因此，我们可以先行讨论数列的极限，然后再进一步研究函数的极限．

一、数列的概念与性质

1. 数列概念

如果按照某一法则，使得对任何一个正整数对应一个确定的实数 x_n，这样就得到一列按下标 n 从小到大的次序排列的数 $x_1,x_2,x_3,\cdots,x_n,\cdots$，我们把这种序列称为数列，记为$\{x_n\}$，其中 x_n 称为数列$\{x_n\}$的一般项或通项.

注：我们也可以把数列$\{x_n\}$看作自变量为正整数 n 的函数 $f(n),n\in\mathbf{N}^+$.

例如：$\left\{\frac{1}{n}\right\}$：$1,\frac{1}{2},\frac{1}{3},\cdots,\frac{1}{n},\cdots$

$\left\{\frac{n}{n+1}\right\}$：$\frac{1}{2},\frac{2}{3},\frac{3}{4},\cdots,\frac{n}{n+1}\cdots$

$\left\{\frac{1}{2^n}\right\}$：$\frac{1}{2},\frac{1}{4},\frac{1}{8},\cdots,\frac{1}{2^n},\cdots$

$\{(-1)^{n-1}\}$：$1,-1,1,\cdots,(-1)^{n-1},\cdots$

$\left\{\frac{n+(-1)^{n-1}}{n}\right\}$：$2,\frac{1}{2},\frac{4}{3},\cdots,\frac{n+(-1)^{n-1}}{n},\cdots$

$\{n\}$：$1,2,3,\cdots,n,\cdots$

$\left\{1+\frac{1}{1\cdot 2}+\frac{1}{2\cdot 3}+\cdots+\frac{1}{n(n+1)}\right\}$：$1+\frac{1}{1\cdot 2},\cdots,1+\frac{1}{1\cdot 2}+\frac{1}{2\cdot 3}+\cdots+\frac{1}{n(n+1)},\cdots$

2. 数列的几种特性

(1) 数列的有界性

对于数列$\{x_n\}$，若存在常数 K_1，对于任意 $n\in N^+$，都有 $x_n\leqslant K_1$，则称数列$\{x_n\}$有上界，并称 K_1 为数列$\{x_n\}$的一个上界．此时数列$\{x_n\}$在数轴上所对应的点总在点 K_1 的左方．

对于数列$\{x_n\}$，若存在常数 K_2，对于任意 $n\in N^+$，都有 $x_n\geqslant K_2$，则称数列$\{x_n\}$有下界，并称 K_2 为数列$\{x_n\}$的一个下界．此时数列$\{x_n\}$在数轴上所对应的点总在点 K_2

的右方．

对于数列$\{x_n\}$，若存在常数M，对于任意$n\in\mathbf{N}^+$，都有$|x_n|\leqslant M$，则称数列$\{x_n\}$有界，此时数列$\{x_n\}$在数轴上所对应的点在区间$[-M,M]$内．若这样的正数M不存在，则称数列$\{x_n\}$是无界的．

如数列$\{(-1)^{n-1}\}$有界（因为$|(-1)^{n-1}|\leqslant 1$），数列$\left\{1+\frac{1}{1\cdot 2}+\frac{1}{2\cdot 3}+\cdots+\frac{1}{n(n+1)}\right\}$有上界（易知$x_n=1+\left(1-\frac{1}{2}\right)+\left(\frac{1}{2}-\frac{1}{3}\right)+\cdots+\left(\frac{1}{n}-\frac{1}{n+1}\right)=2-\frac{1}{n+1}\leqslant 2$），数列$\left\{\underbrace{\sqrt{2+\sqrt{2+\cdots+\sqrt{2}}}}_{n\text{根}}\right\}$有上界（可以证明2为其上界）．

（2）数列的单调性

若总有$x_n\leqslant x_{n+1}$，则称数列$\{x_n\}$是单调增加的；若总有$x_n\geqslant x_{n+1}$，则称数列$\{x_n\}$是单调减少的．单调增加和单调减少数列统称为单调数列．

如数列$\left\{\frac{1}{n^2}\right\}$是单调减少的；数列$\left\{\underbrace{\sqrt{2+\sqrt{2+\cdots+\sqrt{2}}}}_{n\text{根}}\right\}$是单调增加的．（事实上，记$x_n=\underbrace{\sqrt{2+\sqrt{2+\cdots+\sqrt{2}}}}_{n\text{根}}$，这里$x_1=\sqrt{2},x_2=\sqrt{2+\sqrt{2}},\cdots$，故$x_{n+1}=\sqrt{2+x_n}$，由于$x_{n+1}-x_n=\sqrt{2+x_n}-\sqrt{2+x_{n-1}}=\frac{x_n-x_{n-1}}{\sqrt{2+x_n}+\sqrt{2+x_{n-1}}}$，从而可知$x_{n+1}-x_n$与$x_2-x_1$符号性相同）．

（3）数列的子列

对于数列$\{x_n\}$，如果从中任意抽取它的无限多项并且保持这些项在原数列$\{x_n\}$中先后次序，我们得到的新的数列称为原数列$\{x_n\}$的一个子数列（或子列），记为$\{x_{n_k}\}$，这里x_{n_k}表示子列$\{x_{n_k}\}$中第k项，它在原数列中为n_k项，显然，$n_k\geqslant k$．

特别地，在数列$\{x_n\}$中选取下标为奇数的所有项得到的子列称为数列$\{x_n\}$的奇子列，记为$\{x_{2k-1}\}$，在数列$\{x_n\}$中选取下标为偶数的所有项得到的子列称为数列$\{x_n\}$的偶子列，记为$\{x_{2k}\}$．

例如：$\{(-1)^{n-1}\}$的奇子列为$\{x_{2k-1}\}$：$1,1,1,\cdots,1,\cdots$

$\{(-1)^{n-1}\}$的偶子列为$\{x_{2k}\}$：$-1,-1,-1,\cdots,-1,\cdots$

二、数列的极限

1. 极限思想

关于数列极限，我们先看下面的例子．

例1 古代哲学家庄周所著的《庄子·天下篇》引用过一句话“一尺之棰，日取其半，万事不竭”，其含义是：一根长为一尺的木棒，每天截下一半，这样的过程可以无限制地进行下去．这里我们可以看出，每天取下的长度$\frac{1}{2},\frac{1}{4},\frac{1}{4},\frac{1}{8},\cdots,\frac{1}{2^n},\cdots$是一个数列，通项为$x_n=\frac{1}{2^n}$．不难看出，当$n$无限增大时，通项$\frac{1}{2^n}$无限接近于常数0．

例 2　古代数学家刘徽在《九章算术》中的“圆田术”的注中提出“割圆术”．他指出“假令圆径二尺，圆中容六觚（即正六边形）之一面，与圆径之半，其数均等．合径率一而觚周率三也．又按为图，以六觚之一面乘半径，四分取二，因而六之，得十二觚之幂．若又割之，次以十二觚之一面乘半径，四分取四，因而六之，则得二十四觚之幂．割之弥细，所失弥少，割之又割，以至于不可割，则与圆合体而无所失矣”．

也就是说，将 6 边形一边的长度乘以圆半径，再乘 3，得 12 边形的面积．将 12 边形的一边长乘半径，再乘 6，得 24 边形面积．越割越细，多边形和圆面积的差越小．如此割了再割，最后终于和圆合为一体，毫无差别了．

事实上，设有一圆，我们首先作圆内接正六边形，把它的面积记为 A_1；再作圆的内接正十二边形，其面积记为 A_2；再作圆的内接正二十四边形，其面积记为 A_3；把内接正 $6\times 2^{n-1}$ 边形的面积记为 A_n，这样的过程可以无限制地进行下去（图 2-1），可得一系列内接正多边形的面积：$A_1, A_2, A_3, \cdots$ 构成一个数列．不难看出，当 n 无限增大时，内接正多边形无限接近于圆，同时 A_n 也无限接近于无限接近某一确定的数值（圆的面积）．

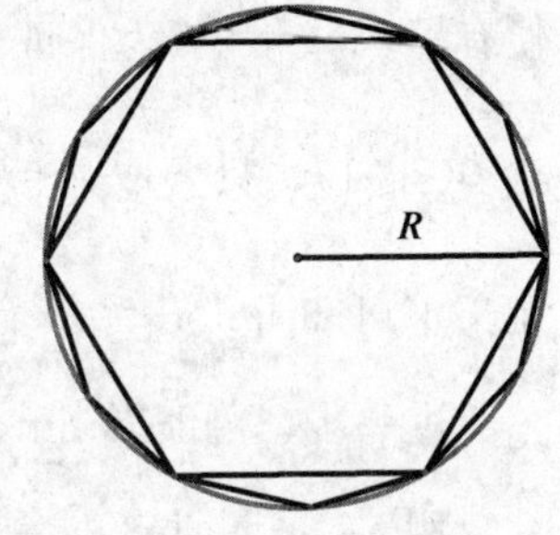

图 2-1

以上考察 n 无限增大时，数列通项 x_n 无限接近于某个常数 a 的思想就是数列极限的思想．

2. 数列极限的定义

定义 1　对于数列 $\{x_n\}$，若当 n 无限增大时，数列的通项 x_n 无限接近于某一确定的数值 a，则称常数 a 是数列 $\{x_n\}$ 的极限，或称数列 $\{x_n\}$ 收敛于 a．记为 $\lim\limits_{n\to\infty} x_n = a$，或 $x_n \to a(n\to\infty)$．若数列没有极限，则称数列 $\{x_n\}$ 不收敛，或称数列 $\{x_n\}$ 发散．

通过定义 1 显然可知常数列 $x_n = C$（这里 C 为常数）收敛于 C，我们可记为 $\lim\limits_{n\to\infty} C = C$；再例如，当 n 无限增大时，$x_n = \dfrac{1}{2^n}$ 收敛于 0，我们可记为 $\lim\limits_{n\to\infty} \dfrac{1}{2^n} = 0$；当 n 无限增大时，$x_n = \dfrac{(-1)^n}{n}$ 收敛于 0，我们可记为 $\lim\limits_{n\to\infty} \dfrac{(-1)^n}{n} = 0$．

事实上，数列 $\{x_n\}$ 的极限是 a 可以理解为当 n 无限增大时（也就是数列的项数无限增大时），通项 x_n 的值无限接近于常数 a，即通项 x_n 与 a 的距离（也就是 $|x_n - a|$）无限接近于 0．换言之，当 n 无限增大时，通项 x_n 与 a 的距离可以任意小．但是，“无限增大”、“可以任意小”的确切意义是什么呢？或者说，它们又如何用严格的数学语言来表达呢？为此，我们给出数列极限的严格定义．

定义 1′（数列极限的格式化定义）对于数列 $\{x_n\}$，若存在常数 a，对于任意给定的任意小的正数 $\varepsilon > 0$，总存在正整数 N，使得当 $n > N$ 时，总有 $|x_n - a| < \varepsilon$ 成立，则称常数 a 是数列 $\{x_n\}$ 的极限，或称数列 $\{x_n\}$ 收敛于 a．记为 $\lim\limits_{n\to\infty} x_n = a$，或 $x_n \to a(n\to\infty)$．若数列没有极限，则称数列 $\{x_n\}$ 不收敛，或称数列 $\{x_n\}$ 发散．

例 3　证明 $\lim\limits_{n\to\infty} \dfrac{1}{n} = 0$．

证　对任意小的正数 $\varepsilon > 0$，要使 $\left|\dfrac{1}{n} - 0\right| = \dfrac{1}{n} < \varepsilon$ 成立，只需 $n > \dfrac{1}{\varepsilon}$ 成立即可．故

对于任意小的正数 $\varepsilon>0$，只要取 $N=\left[\frac{1}{\varepsilon}\right]$，当 $n>N$ 时，便有 $\left|\frac{1}{n}-0\right|<\varepsilon$ 成立．因此，根据定义 $1'$ 可知 $\lim\limits_{n\to\infty}\frac{1}{n}=0$.

事实上，类似可证得 $\lim\limits_{n\to\infty}\frac{1}{n^{\alpha}}=0$（这里 α 为正常数）.

例 4 证明 $\lim\limits_{n\to\infty}\frac{1}{2^n}=0$.

证 对任意小的正数 $\varepsilon>0$，要使 $\left|\frac{1}{2^n}-0\right|=\frac{1}{2^n}<\varepsilon$ 成立，也就是 $2^n>\frac{1}{\varepsilon}$ 成立，此时便有 $n>\log_2\frac{1}{\varepsilon}$（为保证 $\log_2\frac{1}{\varepsilon}$ 为正数，不妨限定 $0<\varepsilon<1$）．这样对于任意小的正数 $\varepsilon>0(\varepsilon<1)$，只要取 $N=\left[\log_2\frac{1}{\varepsilon}\right]$，当 $n>N$ 时，便有 $\left|\frac{1}{2^n}-0\right|<\varepsilon$ 成立．因此，根据定义 $1'$ 可知 $\lim\limits_{n\to\infty}\frac{1}{2^n}=0$.

进一步，可证得 $\lim\limits_{n\to\infty}q^n=0$（这里 $|q|<1$）（请自行证明）.

例 5 证明 $\lim\limits_{n\to\infty}\sqrt[n]{a}=1$（这里 a 为正常数）.

证 当 $a=1$ 时，结论显然成立．

不妨设 $a>1$ 时，对任意小的正数 $\varepsilon>0$，要使 $|\sqrt[n]{a}-1|=\sqrt[n]{a}-1<\varepsilon$ 成立，也就是 $a<(1+\varepsilon)^n=1+C_n^1\varepsilon+C_n^2\varepsilon^2+\cdots+C_n^n\varepsilon^n$ 成立，此时只需 $a<C_n^1\varepsilon=n\varepsilon$ 成立（即 $n>\frac{a}{\varepsilon}$ 成立）即可．这样对于任意小的正数 $\varepsilon>0$，只要取 $N=\left[\frac{a}{\varepsilon}\right]$，当 $n>N$ 时，便有 $\left|\sqrt[n]{a}-1\right|<\varepsilon$ 成立．因此，根据定义 $1'$ 可知 $\lim\limits_{n\to\infty}\sqrt[n]{a}=1$.

对于 $0<a<1$ 情形，其证明不再赘述．

如果把数列 $\{x_n\}$ 中每一项都用数轴上的点来表示，数列 x_n 极限为 a 的几何解释可表述为：在数轴上作点 a 的 ε 邻域（即开区间 $(a-\varepsilon,a+\varepsilon)$），因不等式 $|x_n-a|<\varepsilon$ 与不等式 $a-\varepsilon<x_n<a+\varepsilon$ 等价，故 $n>N$ 时，所有的点 x_n 都落在开区间 $(a-\varepsilon,a+\varepsilon)$ 内，而至多只有有限个（至多只有 N 个）在该区间之外（图 2-2）．由此，我们可以写出数列极限的另一种等价定义如下：

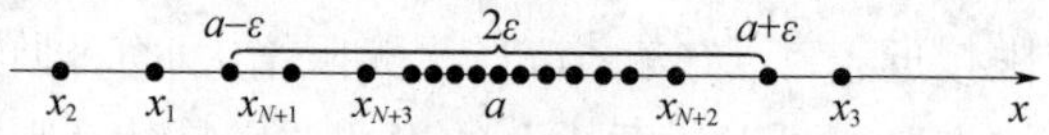

图 2-2

定义 1″ 对于数列 $\{x_n\}$，若存在常数 a，对于任意给定的任意小的正数 $\varepsilon>0$，若在点 a 的 ε 邻域（即开区间 $(a-\varepsilon,a+\varepsilon)$）之外数列 $\{x_n\}$ 中的项至多只有有限个，则称常数 a 是数列 $\{x_n\}$ 的极限，或称数列 $\{x_n\}$ 收敛于 a．

此外，由定义 1″ 可知，若存在某个 $\varepsilon_0>0$，使得数列 $\{x_n\}$ 中有无穷多个项落在点 a 的 ε_0 邻域（即开区间 $(a-\varepsilon,a+\varepsilon)$）之外，则数列 $\{x_n\}$ 一定不以 a 为极限．

例如，数列 $\{(-1)^n\}$ 为发散数列（事实上，根据定义 1″，容易验证 1 和 -1 都不是 $\{(-1)^n\}$ 的极限）.

3. 收敛数列的性质

性质 1（唯一性） 若数列$\{x_n\}$收敛，则它的极限必唯一.

证 假设同时有 $\lim\limits_{n\to\infty} x_n=a$ 及 $\lim\limits_{n\to\infty} x_n=b$. 下证 $a=b$.

根据数列极限的定义 1′可知，$\lim\limits_{n\to\infty} x_n=a\Leftrightarrow$对于任意小的正数 $\varepsilon>0$，总存在正整数 N_1，使得当 $n>N_1$ 时，总有$|x_n-a|<\varepsilon$ 成立；类似地，$\lim\limits_{n\to\infty} x_n=b\Leftrightarrow$对于任意小的正数 $\varepsilon>0$，总存在正整数 N_2，使得当 $n>N_2$ 时，总有$|x_n-b|<\varepsilon$ 成立．取 $N=\max\{N_1, N_2\}$，当 $n>N$ 时，同时有$|x_n-a|<\varepsilon$ 及$|x_n-b|<\varepsilon$. 于是，当 $n>N$ 时，$|a-b|=|(x_n-b)-(x_n-a)|\leqslant|x_n-b|+|x_n-a|<\varepsilon+\varepsilon=2\varepsilon$，由第一章第一节例 2 知 $a=b$.

另外，结合收敛数列的几何意义，若数列$\{x_n\}$收敛于 a，我们容易观察到当 $n>N$ 时，所有的点 x_n 都落在开区间$(a-\varepsilon,a+\varepsilon)$内，即数列$\{x_n\}$中所有下标大于 N 的项均满足不等式 $a-\varepsilon<x_n<a+\varepsilon$，这样便有$|x_n|=|x_n-a+a|\leqslant|x_n-a|+|a|<\varepsilon+|a|$. 因此，取 $M=\max\{|x_1|,|x_2|,\cdots,|x_N|,\varepsilon+|a|\}$，于是，对于 $\forall n\in\mathbf{N}^+$，有$|x_n|\leqslant M$，即数列$\{x_n\}$有界.

性质 2（有界性） 若数列$\{x_n\}$收敛，则数列$\{x_n\}$有界.

注 (1) 该性质的等价命题是：若数列$\{x_n\}$无界，则数列$\{x_n\}$发散．例如数列$\{n\}$.

(2) 数列有界仅是数列收敛的必要条件，不是充分条件，即数列有界也未必收敛．例如，数列$\{(-1)^n\}$有界，但它发散.

性质 3（保号性） 若数列$\{x_n\}$收敛于 a，且 $a>0$(或 $a<0$)，则存在正整数 N，当 $n>N$ 时，有 $x_n>0$(或 $x_n<0$).

证 仅证 $a>0$ 的情形．由数列极限的定义，取 $\varepsilon=\dfrac{a}{2}>0$，$\exists N\in\mathbf{N}^+$，当 $n>N$ 时，有$|x_n-a|<\dfrac{a}{2}$，从而 $x_n>a-\dfrac{a}{2}=\dfrac{a}{2}>0$.

推论 1 若数列$\{x_n\}$从某项起有 $x_n\geqslant0$(或 $x_n\leqslant0$)，且数列$\{x_n\}$收敛于 a，则 $a\geqslant0$(或 $a\leqslant0$).

推论 2 设 $\lim\limits_{n\to\infty} x_n=a$，$\lim\limits_{n\to\infty} y_n=b$，并且从某项起有 $x_n\geqslant y_n$，则 $a\geqslant b$.

性质 4（收敛数列与其子数列间的关系） 如果数列$\{x_n\}$收敛于 a，那么它的任一子数列也收敛，且极限也是 a.(证明略)

注 由性质 4 可知若数列有两个子数列收敛于不同的极限，则原数列一定发散．例如,数列$\{(-1)^n\}$，奇子列收敛于-1，偶子列收敛于 1，故数列$\{(-1)^n\}$发散.

4. 收敛数列极限的四则运算法则

定理 设 $\lim\limits_{n\to\infty} x_n=a$，$\lim\limits_{n\to\infty} y_n=b$，则

(1) $\lim\limits_{n\to\infty}(x_n\pm y_n)=\lim\limits_{n\to\infty} x_n\pm\lim\limits_{n\to\infty} y_n=a\pm b$；

(2) $\lim\limits_{n\to\infty}(x_n\cdot y_n)=(\lim\limits_{n\to\infty} x_n)(\lim\limits_{n\to\infty} y_n)=a\cdot b$；

(3) $\lim\limits_{n\to\infty}\dfrac{x_n}{y_n}=\dfrac{\lim\limits_{n\to\infty} x_n}{\lim\limits_{n\to\infty} y_n}=\dfrac{a}{b}$(这里 $b\neq0$).

证 (1) 仅证 $\lim\limits_{n\to\infty}(x_n+y_n)=a+b$.

根据数列极限的定义 1′可知，$\lim\limits_{n\to\infty} x_n=a \Leftrightarrow$ 对于任意小的正数 $\varepsilon>0$，总存在正整数 N_1，使得当 $n>N_1$ 时，总有 $|x_n-a|<\varepsilon$ 成立；类似地，$\lim\limits_{n\to\infty} y_n=b \Leftrightarrow$ 对于任意小的正数 $\varepsilon>0$，总存在正整数 N_2，使得当 $n>N_2$ 时，总有 $|y_n-b|<\varepsilon$ 成立．取 $N=\max\{N_1,N_2\}$，当 $n>N$ 时，同时有 $|x_n-a|<\varepsilon$ 及 $|y_n-b|<\varepsilon$. 于是，当 $n>N$ 时，$|(x_n+y_n)-(a+b)|=|(x_n-a)+(y_n-b)|\leqslant|x_n-a|+|y_n-b|<2\varepsilon$，再根据数列极限的定义 1′可知 $\lim\limits_{n\to\infty}(x_n+y_n)=a+b$.

（2）根据数列极限的定义 1′可知，$\lim\limits_{n\to\infty} x_n=a \Leftrightarrow$ 对于任意小的正数 $\varepsilon>0$，总存在正整数 N_1，使得当 $n>N_1$ 时，总有 $|x_n-a|<\varepsilon$ 成立；类似地，$\lim\limits_{n\to\infty} y_n=b \Leftrightarrow$ 对于任意小的正数 $\varepsilon>0$，总存在正整数 N_2，使得当 $n>N_2$ 时，总有 $|y_n-b|<\varepsilon$ 成立．再利用收敛数列性质 2 可知，$\exists M>0$，对于 $\forall n\in\mathbf{N}^+$，有 $|y_n|\leqslant M$. 取 $N=\max\{N_1,N_2\}$，当 $n>N$ 时，同时有 $|x_n-a|<\varepsilon$ 及 $|y_n-b|<\varepsilon$. 于是，当 $n>N$ 时，$|x_ny_n-ab|=|(x_ny_n-ay_n)+(ay_n-ab)|=|(x_n-a)y_n+a(y_n-b)|\leqslant|x_n-a||y_n|+|a||y_n-b|<M\varepsilon+|a|\varepsilon=(M+|a|)\varepsilon$. 再根据数列极限的定义 1′可知 $\lim\limits_{n\to\infty}(x_n\cdot y_n)=(\lim\limits_{n\to\infty} x_n)(\lim\limits_{n\to\infty} y_n)=a\cdot b$.

（3）证明从略．

推论 1 法则（1）（2）可以推广到有限个收敛数列的和与积的情形．

如设 $\lim\limits_{n\to\infty} x_n=a$，$\lim\limits_{n\to\infty} y_n=b$，$\lim\limits_{n\to\infty} z_n=c$，

有 $\lim\limits_{n\to\infty}(x_n+y_n+z_n)=\lim\limits_{n\to\infty}(x_n+y_n)+\lim\limits_{n\to\infty}z_n=\lim\limits_{n\to\infty}x_n+\lim\limits_{n\to\infty} y_n+\lim\limits_{n\to\infty}z_n=a+b+c$；

$\lim\limits_{n\to\infty}(x_n\cdot y_n\cdot z_n)=[\lim\limits_{n\to\infty}(x_n\cdot y_n)](\lim\limits_{n\to\infty} z_n)=(\lim\limits_{n\to\infty} x_n)\cdot(\lim\limits_{n\to\infty} y_n)\cdot(\lim\limits_{n\to\infty} z_n)=abc$.

推论 2 设 $\lim\limits_{n\to\infty} x_n=a$，而 C 为常数，则 $\lim\limits_{n\to\infty}Cx_n=Ca$（即求极限时，常数因子可以提到极限记号的外面）.

例 6 求 $\lim\limits_{n\to\infty}\dfrac{2n^2+3n+2}{3n^2+5n}$.

解 将分式$\dfrac{2n^2+3n+2}{3n^2+5n}$的分子与分母同时除以 n^2，再根据收敛数列极限的四则运算法则，于是有

$$\lim_{n\to\infty}\frac{2n^2+3n+2}{3n^2+5n}=\lim_{n\to\infty}\frac{2+\dfrac{3}{n}+\dfrac{2}{n^2}}{3+\dfrac{5}{n}}$$

$$=\frac{\lim\limits_{n\to\infty}2+3\lim\limits_{n\to\infty}\dfrac{1}{n}+2\lim\limits_{n\to\infty}\dfrac{1}{n^2}}{\lim\limits_{n\to\infty}3+5\lim\limits_{n\to\infty}\dfrac{1}{n}}=\frac{2+3\times0+2\times0}{3+5\times0}=\frac{2}{3}$$

例 7 求 $\lim\limits_{n\to\infty}\dfrac{2n^3+n^2-3n+6}{n^4-n^3+2n-5}$.

解 将分式$\dfrac{2n^3+n^2-3n+6}{n^4-n^3+2n-5}$的分子与分母同时除以 n^4，再根据收敛数列极限的四则运算法则，于是有

$$\lim_{n\to\infty}\frac{2n^3+n^2-3n+6}{n^4-n^3+2n-5}=\lim_{n\to\infty}\frac{\frac{2}{n}+\frac{1}{n^2}-\frac{3}{n^3}+\frac{6}{n^4}}{1-\frac{1}{n}+\frac{2}{n^3}-\frac{5}{n^4}}=\frac{\lim\limits_{n\to\infty}\left(\frac{2}{n}+\frac{1}{n^2}-\frac{3}{n^3}+\frac{6}{n^4}\right)}{\lim\limits_{n\to\infty}\left(1-\frac{1}{n}+\frac{2}{n^3}-\frac{5}{n^4}\right)}=\frac{0}{1}=0$$

例 6、例 7 的求解方法可以推广到一般情形．

$$\lim_{n\to\infty}\frac{a_0n^k+a_1n^{k-1}+\cdots+a_{k-1}n+a_k}{b_0n^t+b_1n^{t-1}+\cdots+b_{t-1}n+b_t}=\begin{cases}\dfrac{a_0}{b_0}, & k=t\\ 0, & k<t\end{cases}$$

（这里 $a_i,b_j\in\mathbf{R},i=0,1,2,\cdots,\ k,j=0,1,2,\cdots,t,$，其中 $k,t\in\mathbf{N}$ 且 $a_0,b_0\neq0$）

例 8　求 $\lim\limits_{n\to\infty}\dfrac{1+2+3+\cdots+n}{n^2}$.

解　由于 $1+2+3+\cdots+n=\dfrac{n(n+1)}{2}$，

于是有 $\lim\limits_{n\to\infty}\dfrac{1+2+3+\cdots+n}{n^2}=\lim\limits_{n\to\infty}\dfrac{\frac{n(n+1)}{2}}{n^2}=\lim\limits_{n\to\infty}\dfrac{n+1}{2n}=\dfrac{1}{2}$.

例 9　求 $\lim\limits_{n\to\infty}\dfrac{2^n+3^n}{2^{n+1}+3^{n+1}}$.

解　由于 $\lim\limits_{n\to\infty}q^n=0$（这里 $|q|<1$），将分式 $\dfrac{2^n+3^n}{2^{n+1}+3^{n+1}}$ 的分子与分母同时除 3^n，再根据收敛数列的四则运算法则，于是有

$$\lim_{n\to\infty}\frac{2^n+3^n}{2^{n+1}+3^{n+1}}=\lim_{n\to\infty}\frac{\frac{2^n}{3^n}+1}{\frac{2^{n+1}}{3^n}+3}=\lim_{n\to\infty}\frac{\left(\frac{2}{3}\right)^n+1}{2\times\left(\frac{2}{3}\right)^n+3}=\frac{1}{3}$$

例 10　求 $\lim\limits_{n\to\infty}(\sqrt{n^2+n}-n)$.

解　$\lim\limits_{n\to\infty}(\sqrt{n^2+n}-n)=\lim\limits_{n\to\infty}\dfrac{(\sqrt{n^2+n}-n)(\sqrt{n^2+n}+n)}{\sqrt{n^2+n}+n}=\lim\limits_{n\to\infty}\dfrac{n}{\sqrt{n^2+n}+n}$

$$=\lim_{n\to\infty}\frac{1}{\sqrt{1+\frac{1}{n}}+1}=\frac{1}{2}$$

5. 数列极限存在准则

准则Ⅰ（夹逼定理）

设 $\{x_n\},\{y_n\},\{z_n\}$ 是三个数列．若 $\exists N\in\mathbf{N}^+$，$\forall n>N$，有 $x_n\leqslant y_n\leqslant z_n$，且 $\lim\limits_{n\to\infty}x_n=a$，$\lim\limits_{n\to\infty}z_n=a$，则 $\lim\limits_{n\to\infty}y_n=a$.

证　根据数列极限的定义 1′可知，$\lim\limits_{n\to\infty}x_n=a\Leftrightarrow$ 对于任意小的正数 $\varepsilon>0$，总存在正整数 N_1，使得当 $n>N_1$ 时，总有 $|x_n-a|<\varepsilon$ 成立；类似地，$\lim\limits_{n\to\infty}z_n=a\Leftrightarrow$ 对于任意小的正数 $\varepsilon>0$，总存在正整数 N_2，使得当 $n>N_2$ 时，总有 $|z_n-a|<\varepsilon$ 成立．

取 $N^*=\max\{N_1,N_2,N\}$，当 $n>N^*$，同时有 $|x_n-a|<\varepsilon$，$|z_n-a|<\varepsilon$，及 $x_n\leqslant y_n\leqslant z_n$. 于是，有 $a-\varepsilon<x_n\leqslant y_n\leqslant z_n<a+\varepsilon$，即 $|y_n-a|<\varepsilon$.这就证明了 $\lim\limits_{n\to\infty}y_n=a$．

例 11 证明 $\lim\limits_{n\to\infty} n\left(\frac{1}{n^2+\pi}+\frac{1}{n^2+2\pi}+\cdots+\frac{1}{n^2+n\pi}\right)=1.$

证 记 $x_n=n\left(\frac{1}{n^2+\pi}+\frac{1}{n^2+2\pi}+\cdots+\frac{1}{n^2+n\pi}\right)$

由于 $\frac{n^2}{n^2+n\pi}=n\left(\frac{1}{n^2+n\pi}+\frac{1}{n^2+n\pi}+\cdots+\frac{1}{n^2+n\pi}\right)<x_n<$

$$n\left(\frac{1}{n^2+\pi}+\frac{1}{n^2+\pi}+\cdots+\frac{1}{n^2+\pi}\right)=\frac{n^2}{n^2+\pi}$$

且 $\lim\limits_{n\to\infty}\frac{n^2}{n^2+n\pi}=1$，$\lim\limits_{n\to\infty}\frac{n^2}{n^2+\pi}=1$，根据夹逼定理可知

$$\lim_{n\to\infty} n\left(\frac{1}{n^2+\pi}+\frac{1}{n^2+2\pi}+\cdots+\frac{1}{n^2+n\pi}\right)=1$$

准则Ⅱ（单调有界定理） 单调有界数列必有极限．

准则 II 表明：如果数列不仅有界，并且是单调的，那么这数列的极限必定存在，也就是这个数列一定收敛.

准则 II 的几何解释：单调增加有上界的数列（或单调减少有下界的数列），当 n 无限增大时，x_n 在数轴上的点必向右（或向左）无地限趋近于某一定点 a. 该准则的严格证明超出本书范围，故从略．

例 12 证明数列 $\left\{x_n=\underbrace{\sqrt{2+\sqrt{2+\cdots+\sqrt{2}}}}_{n根}\right\}$ 必有极限，并求出它的极限．

证 记 $x_n=\underbrace{\sqrt{2+\sqrt{2+\cdots+\sqrt{2}}}}_{n根}$，易知 $x_{n+1}=\sqrt{2+x_n}$，由前知 $\{x_n\}$ 是单调增加且以 2 为其上界．根据单调有界定理可知 $\{x_n\}$ 必有极限．令 $\lim\limits_{n\to\infty} x_n=a$，对 $x_{n+1}=\sqrt{2+x_n}$ 两边取极限可得，$\lim\limits_{n\to\infty} x_{n+1}=\lim\limits_{n\to\infty}\sqrt{2+x_n}$，即有 $a=\sqrt{2+a}$，解得 $a=2$. 故 $\lim\limits_{n\to\infty} x_n=2$.

例 13 证明数列 $\left\{\left(1+\frac{1}{n}\right)^n\right\}$ 必有极限．

证* 记 $x_n=\left(1+\frac{1}{n}\right)^n$，下面证明数列 $\{x_n\}$ 是单调有界的.

首先利用二项式公式，有

$$\begin{aligned}
x_n&=\left(1+\frac{1}{n}\right)^n=1+\frac{n}{1!}\cdot\frac{1}{n}+\frac{n(n-1)}{2!}\cdot\frac{1}{n^2}+\frac{n(n-1)(n-2)}{3!}\cdot\frac{1}{n^3}+\cdots\\
&\quad+\frac{n(n-1)\cdots(n-n+1)}{n!}\cdot\frac{1}{n^n}\\
&=1+1+\frac{1}{2!}\left(1-\frac{1}{n}\right)+\frac{1}{3!}\left(1-\frac{1}{n}\right)\left(1-\frac{2}{n}\right)\\
&\quad+\cdots+\frac{1}{n!}\left(1-\frac{1}{n}\right)\left(1-\frac{2}{n}\right)\cdots\left(1-\frac{n-1}{n}\right)
\end{aligned}$$

$$\begin{aligned}
x_{n+1}&=1+1+\frac{1}{2!}\left(1-\frac{1}{n+1}\right)\\
&\quad+\frac{1}{3!}\left(1-\frac{1}{n+1}\right)\left(1-\frac{2}{n+1}\right)+\cdots+\frac{1}{n!}\left(1-\frac{1}{n+1}\right)\left(1-\frac{2}{n+1}\right)\cdots\left(1-\frac{n-1}{n+1}\right)
\end{aligned}$$

$$+\frac{1}{(n+1)!}\left(1-\frac{1}{n+1}\right)\left(1-\frac{2}{n+1}\right)\cdots\left(1-\frac{n}{n+1}\right).$$

比较 x_n, x_{n+1} 的展开式，可以看出除前两项外，x_n 的每一项都小于 x_{n+1} 的对应项，并且 x_{n+1} 还多了最后一项，其值大于0，因此 $x_n<x_{n+1}$，这就是说数列 $\{x_n\}$ 是单调增加的.

其次我们说明这个数列是有上界的.

将 x_n 的展开式中各项括号内的数用较大的数1代替，得

$$x_n<1+1+\frac{1}{2!}+\frac{1}{3!}+\cdots\frac{1}{n!}<1+1+\frac{1}{2}+\frac{1}{2^2}+\cdots+\frac{1}{2^{n-1}}=1+\frac{1-\frac{1}{2^n}}{1-\frac{1}{2}}=3-\frac{1}{2^{n-1}}<3$$

根据单调有界定理可知 $\{x_n\}$ 必有极限.

注　(1) 这个极限我们用e来表示（待证，见本书第三章）. 即 $\lim\limits_{n\to\infty}\left(1+\frac{1}{n}\right)^n=\mathrm{e}$. 这里e是个无理数，它的值是 $\mathrm{e}=2.718281828459045\cdots$，指数函数 $y=\mathrm{e}^x$ 以及对数函数 $y=\ln x$ 中的底数就是这个常数；

(2) 以后也称 $\lim\limits_{n\to\infty}\left(1+\frac{1}{n}\right)^n=\mathrm{e}$ 为重要极限. 我们利用这个结论可以求解某些类型的数列极限.

例 14　利用公式 $\lim\limits_{n\to\infty}\left(1+\frac{1}{n}\right)^n=\mathrm{e}$，求下列极限

(1) $\lim\limits_{n\to\infty}\left(1+\frac{2}{n}\right)^n$　　(2) $\lim\limits_{n\to\infty}\left(1-\frac{1}{5n}\right)^n$　　(3) $\lim\limits_{n\to\infty}\left(\frac{n}{n+1}\right)^n$

解

(1) $$\lim_{n\to\infty}\left(1+\frac{2}{n}\right)^n=\lim_{n\to\infty}\left[1+\frac{1}{\frac{n}{2}}\right]^n=\lim_{n\to\infty}\left[1+\frac{1}{\frac{n}{2}}\right]^{\frac{n}{2}\times 2}=\lim_{n\to\infty}\left\{\left[1+\frac{1}{\frac{n}{2}}\right]^{\frac{n}{2}}\right\}^2=\mathrm{e}^2$$

(2) $$\lim_{n\to\infty}\left(1-\frac{1}{5n}\right)^n=\lim_{n\to\infty}\left(1+\frac{1}{-5n}\right)^n=\lim_{n\to\infty}\left(1+\frac{1}{-5n}\right)^{-5n\times\left(-\frac{1}{5}\right)}$$
$$=\lim_{n\to\infty}\left\{\left[\left(1+\frac{1}{-5n}\right)\right]^{-5n}\right\}^{-\frac{1}{5}}=\mathrm{e}^{-\frac{1}{5}}$$

(3) $$\lim_{n\to\infty}\left(\frac{n}{n+1}\right)^n=\lim_{n\to\infty}\frac{1}{\left(\frac{n+1}{n}\right)^n}=\lim_{n\to\infty}\frac{1}{\left(1+\frac{1}{n}\right)^n}=\frac{1}{\lim\limits_{n\to\infty}\left(1+\frac{1}{n}\right)^n}=\frac{1}{\mathrm{e}}$$

第二节　函数的极限与连续

数列可看作一类特殊的函数，其自变量取1到无穷内的正整数，若自变量不再限于正整数的顺序，而是连续变化的，就成了函数. 因为自变量所在范围的不同，导致自变量的变化形式产生了不同——自变量可以无限增大，也可以无限接近某一定点 x_0，所以函数极限就分为两种类型. 如果在相应的变化过程中，函数值无限接近于某一

常数A，就称为函数存在极限值．

下面我们结合数列的极限来学习一下函数极限的概念．

一、函数的极限

1. 自变量趋向无穷大时函数的极限

定义 1 如果自变量x无限增大时，函数$f(x)$无限趋近于某一个常数A，则称A为$f(x)$当$x\to+\infty$时的极限，记作$\lim\limits_{x\to+\infty}f(x)=A$；如果自变量$x$无限减小时，函数$f(x)$无限趋近于某一个常数$A$，则称$A$为$f(x)$当$x\to-\infty$时的极限，记作$\lim\limits_{x\to-\infty}f(x)=A$；如果自变量$x$的绝对值无限增大时，函数$f(x)$无限趋近于某一个常数$A$，则称$A$为$f(x)$当$x\to\infty$时的极限，记作$\lim\limits_{x\to\infty}f(x)=A$.

用"$\varepsilon-X$"语言来精确叙述如下：

定义 1′ 设函数$y=f(x)$，若对于任意给定的正数ε（不论其多么小），总存在着正数X，使得对于适合不等式$|x|>X$的一切x，所对应的函数值$f(x)$都满足不等式$|f(x)-A|<\varepsilon$，则常数A就称为函数$y=f(x)$当$x\to\infty$时的极限，记作$\lim\limits_{x\to\infty}f(x)=A$.

例 1 函数$f(x)=\dfrac{1}{x}$，在$x\to+\infty$、$x\to-\infty$以及$x\to\infty$时的极限存在吗？结合图像，我们可以得到$\lim\limits_{x\to+\infty}f(x)=\lim\limits_{x\to+\infty}\dfrac{1}{x}=0$；$\lim\limits_{x\to-\infty}f(x)=\lim\limits_{x\to-\infty}\dfrac{1}{x}=0$；$\lim\limits_{x\to\infty}f(x)=\lim\limits_{x\to\infty}\dfrac{1}{x}=0$. 那么函数$g(x)=\begin{cases}\dfrac{1}{x}, & x>0\\ \dfrac{1}{x}-1, & x<0\end{cases}$在$x\to+\infty$、$x\to-\infty$以及$x\to\infty$时的极限存在吗？请结合图像思考一下．

关系： $\lim\limits_{x\to\infty}f(x)=A\Leftrightarrow\lim\limits_{x\to+\infty}f(x)=\lim\limits_{x\to-\infty}f(x)=A$.

注 对于数列极限而言，由于自变量$n\in\mathbf{N}^+$，所以$n\to\infty$就是$n\to+\infty$.

2. 自变量趋向有限值时函数的极限

定义 2 设$f(x)$在x_0的某一去心邻域内有定义，若当$x\to x_0$（但始终不等于x_0）时，函数值$f(x)$无限趋近于一个确定的常数A，则称A为$f(x)$当$x\to x_0$时的极限，记为$\lim\limits_{x\to x_0}f(x)=A$；若当$x$从$x_0$的左边无限趋近于$x_0$（但始终不等于$x_0$）时，函数值$f(x)$无限趋近于一个确定的常数$A$，则称$A$为$f(x)$当$x\to x_0$时的左极限，记为$\lim\limits_{x\to x_0^-}f(x)=A$；若当$x$从$x_0$的右边无限趋近于$x_0$（但始终不等于$x_0$）时，函数值$f(x)$无限趋近于一个确定的常数$A$，则称$A$为$f(x)$当$x\to x_0$时的右极限，记为$\lim\limits_{x\to x_0^+}f(x)=A$.

关系： $\lim\limits_{x\to x_0}f(x)=A\Leftrightarrow\lim\limits_{x\to x_0^-}f(x)=\lim\limits_{x\to x_0^+}f(x)=A$.

注 为什么强调x始终不等于x_0？因为我们讨论的是$f(x)$在x_0附近的变化趋势，而不是$f(x)$在x_0这一点处的情况．所以，$f(x)$在$x\to x_0$时极限是否存在无关于$f(x)$在x_0处是否有意义或者函数值的大小．

用“$\varepsilon-\delta$”语言来精确叙述如下：

定义 2′　设函数 $f(x)$ 在某点 x_0 的某个去心邻域内有定义．如果存在数 A，对于任意给定的 ε（不论其多么小），总存在正数 δ，当 $0<|x-x_0|<\delta$ 时，$|f(x)-A|<\varepsilon$，则称函数 $f(x)$ 当 $x\to x_0$ 时极限存在，且极限为 A，记为 $\lim\limits_{x\to x_0}f(x)=A$.

例 2　函数 $f(x)=\dfrac{x^2-1}{x-1}$，当 $x\to1$ 时函数值的变化趋势如何？函数在 $x=1$ 处无定义．对实数来讲，在数轴上任何一个有限的范围内，都有无穷多个点，为此我们把 $x\to1$ 时函数值的变化趋势用表列出（图 2-3）.

x	…	0.9	0.99	0.999	…	1	…	1.001	1.01	1.1	…
$f(x)$	…	1.9	1.99	1.999	…	不存在	…	2.001	2.01	2.1	…

图 2-3

从中我们可以看出 $x\to1$ 时，$f(x)\to2$. 而且只要 x 与 1 充分接近，$f(x)$就与 2 无限接近．或说：只要 $f(x)$与 2 只差一个微量 ε，就一定可以找到一个 δ，当 $0<|x-1|<\delta$ 时满足$|f(x)-2|<\varepsilon$.

二、函数极限的性质

下面我们不加证明地给出 $x\to x_0$ 过程中函数极限的三个基本性质：

（1）唯一性：若 $\lim\limits_{x\to x_0}f(x)=A$，$\lim\limits_{x\to x_0}f(x)=B$，则 $A=B$.

（2）有界性：若 $\lim\limits_{x\to x_0}f(x)=A$，则函数 $f(x)$在 x_0 附近有界．

推论：无界变量一定无极限．

（3）保号性：若 $\lim\limits_{x\to x_0}f(x)=A$，且 $A>0$(或 $A<0$)，则必存在 x_0 的某一邻域，当 x 在该邻域内($x\neq x_0$)时，有 $f(x)>0$(或 $f(x)<0$).

推论：若 $\lim\limits_{x\to x_0}f(x)=A$，$\lim\limits_{x\to x_0}g(x)=B$，且 $f(x)\geqslant g(x)$，则 $A\geqslant B$.

三、无穷小量和无穷大量

1. 无穷小量

定义 3　以零为极限的变量称为无穷小量．

注　（1）零是唯一可看作无穷小量的常数；

（2）无穷小量与自变量的变化过程有关，如：x 是 $x\to0$ 时的无穷小量，不是 $x\to1$ 时的无穷小量．

在下面的讨论中，记号“lim”下面没有标明自变量的变化过程，是指相关式子对 $x\to x_0$ 及 $x\to\infty$都是成立的．

定理 1　变量以 A 为极限的充要条件是变量为 A 与无穷小量的和．

证　若 $\lim y=A$，则由极限定义有 $\lim(y-A)=0$. 记 $\alpha=y-A$，由无穷小量定义可知 α 为无穷小量，并有 $y=A+\alpha$.

反之，若 $y=A+\alpha$，且 $\lim\alpha=0$，则由极限定义有 $\lim y=A$.

2. 无穷大量

定义 4 在某一变化过程中，绝对值无限增大的变量，称为无穷大量．

注 (1) 任何常数都不是无穷大量；

(2) 无穷大量与无穷小量的区别是：前者无界，后者有界；前者发散，后者收敛于 0.

定理 2 在自变量的同一变化过程中，若 y 是无穷大量，则$\frac{1}{y}$是无穷小量；若 y 是无穷小量，且 $y\neq 0$，则$\frac{1}{y}$是无穷大量．

例如 (1) 对于函数 $y=2x-1$，当 $x\to\frac{1}{2}$时，y 为无穷小量；当 $x\to\infty$时，y 为无穷大量．(2) 对于函数 $y=2^x$，当 $x\to-\infty$时，y 为无穷小量；当 $x\to+\infty$时，y 为无穷大量．请考虑一下，函数 $y=2^{\frac{1}{x}}$在什么时候是无穷小量，什么时候是无穷大量？

3. 无穷小量的运算性质

定理 3 在自变量的同一变化过程中

(1) 有限个无穷小量的和还是无穷小量；

(2) 有限个无穷小量的积还是无穷小量；

(3) 有界量与无穷小量的乘积还是无穷小量．

推论 常数与无穷小量的乘积还是无穷小量．

例 3 由于无穷小量与无穷小量的乘积还是无穷小量，所以有 $\lim\limits_{x\to 0}x\sin x=0$；

由于无穷小量与有界量的乘积还是无穷小量，所以有 $\lim\limits_{x\to 0}x\sin\frac{1}{x}=0$；请同学们继续判断以下两个极限：$\lim\limits_{x\to\infty}\frac{1}{x}\sin x$；$\lim\limits_{x\to\infty}\frac{1}{x}\sin\frac{1}{x}$.

4. 无穷小量的比较

通过前面的学习我们已经知道，两个无穷小量的和、差及乘积仍旧是无穷小量．那么两个无穷小量的商会是怎样的呢？例如，当 $x\to 0$ 时，$x,2x,x^2$ 都是无穷小量，但是 $\lim\limits_{x\to 0}\frac{2x}{x}=2$，$\lim\limits_{x\to 0}\frac{x^2}{x}=0$，$\lim\limits_{x\to 0}\frac{x}{x^2}=\infty$. 这说明了什么？

定义 5 设 $\lim\alpha=0$，$\lim\beta=0$，k,l 为常数．

(1) 若 $\lim\frac{\alpha}{\beta}=0$，则称 α 是 β 的高阶无穷小量或 β 是 α 的低阶无穷小量，记作 $\alpha=o(\beta)$；

(2) 若 $\lim\frac{\alpha}{\beta}=l\neq 0$，则称 α 和 β 是同阶无穷小量；当 $l=1$ 时，称 α 和 β 是等价无穷小量，记作 $\alpha\sim\beta$；

(3) 若 $\lim\frac{\alpha}{\beta^k}=l\neq 0,(k>0)$，则称 α 是关于 β 的 k 阶无穷小量．

根据定义，可知，当 $x\to 0$ 时，x 与 $2x$ 是同阶无穷小量，x^2 是 x 的高阶无穷小量，x 是 x^2 的低阶无穷小量．

四、极限的计算

前面已经学习了数列极限的运算法则，我们知道数列可作为一类特殊的函数，故函数极限的运算法则与数列极限的运算法则相似．

1. 函数极限的运算法则

定理 4　$\lim f(x)=A$，$\lim g(x)=B$，

则（1）$\lim[f(x)\pm g(x)]=A\pm B$

（2）$\lim[f(x)\cdot g(x)]=A\cdot B$

（3）$\lim \dfrac{f(x)}{g(x)}=\dfrac{A}{B},(B\neq 0)$

推论　（1）$\lim[kf(x)]=kA$,（k 为常数）

（2）$\lim[f(x)]^m=A^m$,（m 为正整数）

在求函数的极限时，利用上述法则就可把一个复杂的函数化为若干个简单的函数来求极限．

例 4　求 $\lim\limits_{x\to 2}(3x^2-2x+1)$.

解　$\lim\limits_{x\to 2}(3x^2-2x+1)=\lim\limits_{x\to 2}3x^2-\lim\limits_{x\to 2}2x+\lim\limits_{x\to 2}1=3\lim\limits_{x\to 2}x^2-2\lim\limits_{x\to 2}x+\lim\limits_{x\to 2}1$

$=3\times 2^2-2\times 2+1=9$

结论　对于任意有限次多项式 $P_n(x)=a_nx^n+a_{n-1}x^{n-1}+\cdots+a_1x+a_0$，有 $\lim\limits_{x\to x_0}P_n(x)=P_n(x_0)$.

例 5　求下列极限：

（1）$\lim\limits_{x\to 1}\dfrac{2x^2+x-5}{3x^2+1}$；　（2）$\lim\limits_{x\to 2}\dfrac{x^3-8}{x^2-4}$；　（3）$\lim\limits_{x\to 3}\dfrac{x+4}{x^2-9}$

解　（1）$\lim\limits_{x\to 1}\dfrac{2x^2+x-5}{3x^2+1}=\dfrac{\lim\limits_{x\to 1}(2x^2+x-5)}{\lim\limits_{x\to 1}(3x^2+1)}=\dfrac{-2}{4}=-\dfrac{1}{2}$

（2）$\lim\limits_{x\to 2}\dfrac{x^3-8}{x^2-4}=\lim\limits_{x\to 2}\dfrac{x^2+2x+4}{x+2}=3$

（3）由于 $\lim\limits_{x\to 3}\dfrac{x^2-9}{x+4}=0$，故有 $\lim\limits_{x\to 3}\dfrac{x+4}{x^2-9}=\infty$

例 6　求下列极限：

（1）$\lim\limits_{x\to\infty}\dfrac{2x^2+x-5}{3x^2+1}$；　（2）$\lim\limits_{x\to\infty}\dfrac{x^3-8}{x^2-4}$；　（3）$\lim\limits_{x\to\infty}\dfrac{x+4}{x^2-9}$

解　（1）$\lim\limits_{x\to\infty}\dfrac{2x^2+x-5}{3x^2+1}=\lim\limits_{x\to\infty}\dfrac{2+\dfrac{1}{x}-\dfrac{5}{x^2}}{3+\dfrac{1}{x^2}}=\dfrac{2}{3}$

（2）由于 $\lim\limits_{x\to\infty}\dfrac{x^2-4}{x^3-8}=\lim\limits_{x\to\infty}\dfrac{\dfrac{1}{x}-\dfrac{4}{x^3}}{1-\dfrac{8}{x^3}}=\dfrac{0}{1}=0$，可知 $\lim\limits_{x\to\infty}\dfrac{x^3-8}{x^2-4}=\infty$

（3）$\lim\limits_{x\to\infty}\dfrac{x+4}{x^2-9}=\lim\limits_{x\to\infty}\dfrac{\dfrac{1}{x}+\dfrac{4}{x^2}}{1-\dfrac{9}{x^2}}=\dfrac{0}{1}=0$

注　通过此例题我们可以发现：当分式的分子和分母都没有极限时就不能运用商的极限的运算法则了，应先把分式的分子分母转化为存在极限的情形，然后运用法则求之．

例 7　求 $\lim\limits_{x\to+\infty}(\sqrt{x+1}-\sqrt{x})$.

解　$\lim\limits_{x\to+\infty}(\sqrt{x+1}-\sqrt{x})=\lim\limits_{x\to+\infty}\dfrac{(\sqrt{x+1}-\sqrt{x})(\sqrt{x+1}+\sqrt{x})}{\sqrt{x+1}+\sqrt{x}}=\lim\limits_{x\to+\infty}\dfrac{1}{\sqrt{x+1}+\sqrt{x}}=0$

2. 函数极限存在的两个准则

准则Ⅰ′　设函数 $f(x)\leqslant h(x)\leqslant g(x)$，且 $\lim f(x)=\lim g(x)=A$，则 $\lim h(x)=A$.

准则Ⅱ′　单调有界的函数必有极限．

（参见数列极限存在的两个准则的证明，故略）

3. 两个重要极限

公式一　$\lim\limits_{x\to0}\dfrac{\sin x}{x}=1$

特征　① 分子分母均为该极限过程的无穷小量；

② 分子是分母的正弦值．

推论　若 $\lim f(x)=0$，则 $\lim\dfrac{\sin f(x)}{f(x)}=1$.

例 8　求下列极限：

（1）$\lim\limits_{x\to0}\dfrac{\sin(2x)}{3x}$；　　（2）$\lim\limits_{x\to0}\dfrac{\tan x}{x}$；

（3）$\lim\limits_{x\to0}\dfrac{1-\cos x}{x^2}$；　　（4）$\lim\limits_{x\to\infty}x\sin\left(\dfrac{1}{x}\right)$

解　（1）$\lim\limits_{x\to0}\dfrac{\sin(2x)}{3x}=\lim\limits_{x\to0}\dfrac{\sin(2x)}{2x}\cdot\dfrac{2}{3}=\dfrac{2}{3}\lim\limits_{2x\to0}\dfrac{\sin(2x)}{2x}=\dfrac{2}{3}$

（2）$\lim\limits_{x\to0}\dfrac{\tan x}{x}=\lim\limits_{x\to0}\dfrac{\sin x}{x}\cdot\dfrac{1}{\cos x}=\lim\limits_{x\to0}\dfrac{\sin x}{x}\cdot\lim\limits_{x\to0}\dfrac{1}{\cos x}=1$

（3）$\lim\limits_{x\to0}\dfrac{1-\cos x}{x^2}=\lim\limits_{x\to0}\dfrac{2\sin^2\left(\dfrac{x}{2}\right)}{x^2}=\lim\limits_{x\to0}2\cdot\dfrac{\sin^2\left(\dfrac{x}{2}\right)}{\left(\dfrac{x}{2}\right)^2}\cdot\dfrac{1}{4}=\dfrac{1}{2}$

（4）$\lim\limits_{x\to\infty}x\sin\left(\dfrac{1}{x}\right)=\lim\limits_{\frac{1}{x}\to0}\dfrac{\sin\left(\dfrac{1}{x}\right)}{\dfrac{1}{x}}=1$

公式二　$\lim\limits_{x\to\infty}\left(1+\dfrac{1}{x}\right)^x=\mathrm{e}$

特征　① 在此极限过程中，底数趋于 1，而指数趋于无穷大；

② 指数 x 与底数中的 $\frac{1}{x}$ 互为倒数．

另一形式：$\lim\limits_{x\to 0}(1+x)^{\frac{1}{x}}=\mathrm{e}$

推论 ① 若 $\lim f(x)=\infty$，则 $\lim\left(1+\frac{1}{f(x)}\right)^{f(x)}=\mathrm{e}$；

② 若 $\lim f(x)=0$，则 $\lim(1+f(x))^{\frac{1}{f(x)}}=\mathrm{e}$.

例 9 求下列极限：

(1) $\lim\limits_{x\to\infty}\left(1+\frac{2}{x}\right)^{x}$； (2) $\lim\limits_{x\to\infty}\left(\frac{x^2+1}{x^2}\right)^{x^2+1}$； (3) $\lim\limits_{x\to\infty}\left(\frac{x+1}{x-1}\right)^{x}$

解 (1) $\lim\limits_{x\to\infty}\left(1+\frac{2}{x}\right)^{x}=\lim\limits_{x\to\infty}\left(1+\frac{2}{x}\right)^{\frac{x}{2}\cdot 2}=\mathrm{e}^2$；

(2) $\lim\limits_{x\to\infty}\left(\frac{x^2+1}{x^2}\right)^{x^2+1}=\lim\limits_{x\to\infty}\left(1+\frac{1}{x^2}\right)^{x^2}\cdot\left(1+\frac{1}{x^2}\right)=\mathrm{e}\cdot 1=\mathrm{e}$；

(3) $\lim\limits_{x\to\infty}\left(\frac{x+1}{x-1}\right)^{x}=\lim\limits_{x\to\infty}\left(\frac{1+\frac{1}{x}}{1-\frac{1}{x}}\right)^{x}=\frac{\lim\limits_{x\to\infty}\left(1+\frac{1}{x}\right)^{x}}{\lim\limits_{x\to\infty}\left(1-\frac{1}{x}\right)^{x}}=\frac{\mathrm{e}}{\mathrm{e}^{-1}}=\mathrm{e}^2$.

4. 等价无穷小替换

常用公式 当 $x\to 0$ 时，有 $\sin x\sim x,\tan x\sim x,\arcsin x\sim x,\arctan x\sim x,\ln(1+x)\sim x$,
$\mathrm{e}^x-1\sim x,1-\cos x\sim\frac{1}{2}x^2,(1+x)^{\mu}-1\sim\mu x$（$\mu$ 为实数）.

定理 5 $\alpha\sim\beta\Leftrightarrow\beta=\alpha+o(\alpha)$

证 首先，$\alpha\sim\beta\Rightarrow\lim\frac{\beta-\alpha}{\alpha}=\lim\left(\frac{\beta}{\alpha}-1\right)=\lim\frac{\beta}{\alpha}-1=0\Rightarrow\beta-\alpha=o(\alpha)$；

其次，$\beta=\alpha+o(\alpha)\Rightarrow\lim\frac{\beta}{\alpha}=\lim\frac{\alpha+o(\alpha)}{\alpha}=1\Rightarrow\alpha\sim\beta$.

定理 6 若 $\alpha\sim\alpha',\beta\sim\beta'$，且 $\lim\frac{\beta'}{\alpha'}$ 存在，则有 $\lim\frac{\beta}{\alpha}=\lim\frac{\beta'}{\alpha'}$.

证 $\lim\frac{\beta}{\alpha}=\lim\left(\frac{\beta}{\beta'}\cdot\frac{\beta'}{\alpha'}\cdot\frac{\alpha'}{\alpha}\right)=\lim\frac{\beta'}{\alpha'}$

注 求两个无穷小量之比的极限时，分子及分母都可用其等价无穷小量来代替，因此我们可以利用这个性质来简化求极限问题．

例 10 求下列极限：

(1) $\lim\limits_{x\to 0}\frac{\tan 5x}{\sin 2x}$； (2) $\lim\limits_{x\to 0}\frac{x\ln(1+x)}{1-\cos x}$； (3) $\lim\limits_{x\to 0}\frac{\tan x-\sin x}{x^3}$

解 (1) $\lim\limits_{x\to 0}\frac{\tan 5x}{\sin 2x}=\lim\limits_{x\to 0}\frac{5x}{2x}=\frac{5}{2}$；

(2) $\lim\limits_{x\to 0}\frac{x\ln(1+x)}{1-\cos x}=\lim\limits_{x\to 0}\frac{x\cdot x}{\frac{1}{2}x^2}=2$；

(3) $\lim\limits_{x\to 0}\frac{\tan x-\sin x}{x^3}=\lim\limits_{x\to 0}\frac{\tan x(1-\cos x)}{x^3}=\lim\limits_{x\to 0}\frac{x\cdot\frac{1}{2}x^2}{x^3}=\frac{1}{2}$

思考 $\lim\limits_{x\to 0}\frac{\tan x-\sin x}{x^3}=\lim\limits_{x\to 0}\frac{x-x}{x^3}=\lim\limits_{x\to 0}\frac{0}{x^3}=0$，这种做法对不对？若不对，那么错在哪里？

第三节　函数的连续性

一、函数的连续性

1. 定义

在自然界中有许多现象，如气温的变化，植物的生长等都是连续地变化的．这种现象在函数关系上的反映，就是函数的连续性．

定义 1　设函数 $y=f(x)$在点 x_0 处有定义，若 $\lim\limits_{x\to x_0}f(x)=f(x_0)$，则称 $y=f(x)$在 x_0 处连续．

定义中 $\lim\limits_{x\to x_0}f(x)=f(x_0)$，也就是 $\lim\limits_{x\to x_0}[f(x)-f(x_0)]=0$，由此可以给出连续性另一个等价的定义．首先给出一个概念——增量：设变量 x 从它的一个初值 x_0 变到终值 x_1，终值与初值的差 x_1-x_0 就称为变量 x 的增量，记为 Δx，即 $\Delta x=x_1-x_0$. 这里需要注意的是，增量 Δx 可正可负．Δx 为自变量的增量，当自变量变化时，相应地，因变量也有了变化，即因变量的增量 $\Delta y=f(x_1)-f(x_0)=f(x_0+\Delta x)-f(x_0)$，这个关系式的几何解释（图 2-4）

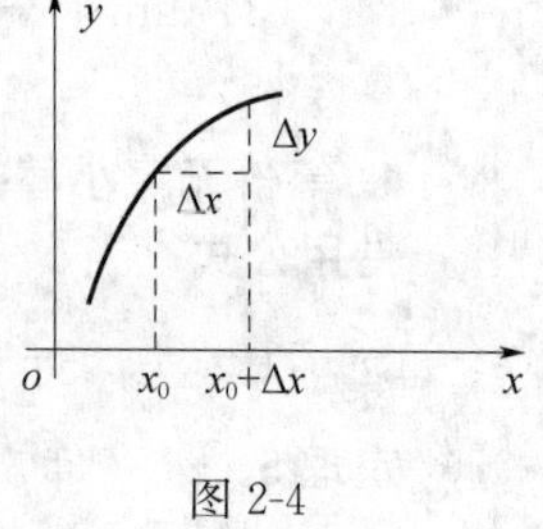

图 2-4

所以定义 1 有了一个等价的形式：

定义 1′　设函数 $y=f(x)$在点 x_0 处有定义，若 $\lim\limits_{\Delta x\to 0}\Delta y=0$，则称 $y=f(x)$在 x_0 处连续．

下面我们结合函数左、右极限的概念再来学习一下函数左、右连续的概念：

定义 2　设函数 $y=f(x)$在区间$(a,b]$内有定义，若左极限 $\lim\limits_{x\to b^-}f(x)$存在且等于函数值 $f(b)$，则称函数 $y=f(x)$在点 b 左连续．设函数 $y=f(x)$在区间$[a,b)$内有定义，若右极限 $\lim\limits_{x\to a^+}f(x)$存在且等于函数值 $f(a)$，则称函数 $y=f(x)$在点 a 右连续．

注　一个函数若在定义域内某一点左、右都连续，则称函数在此点连续，否则在此点不连续．

定义 3　设函数 $y=f(x)$在开区间(a,b)内每点都连续，则称函数 $y=f(x)$在(a,b)内连续．若函数 $y=f(x)$在(a,b)内连续，且在 a 点右连续，在 b 点左连续，则称函数$y=f(x)$在闭区间$[a,b]$上连续．若函数 $y=f(x)$在它的整个定义域内连续，则称 $y=f(x)$为连续函数．连续函数图形是一条连续而不间断的曲线．

例 1　已知函数 $f(x)=\begin{cases} x\sin\dfrac{1}{x}, & x>0 \\ a+1, & x=0 \\ b-\dfrac{\ln(1+x)}{x}, & x<0 \end{cases}$ 在 $x=0$ 处连续，求 a,b.

解　根据题意可知函数在 $x=0$ 处左连续且右连续，则有

$$\lim_{x\to 0^+} f(x)=f(0)\Rightarrow \lim_{x\to 0^+} x\sin\frac{1}{x}=a+1\Rightarrow 0=a+1\Rightarrow a=-1;$$

$$\lim_{x\to 0^-} f(x)=f(0)\Rightarrow \lim_{x\to 0^-}\left[b-\frac{\ln(1+x)}{x}\right]=a+1=0\Rightarrow b-1=0\Rightarrow b=1.$$

二、间断点

定义 4　若函数 $y=f(x)$ 在点 x_0 的某邻域内有定义，但在 x_0 处不连续，则称 x_0 为 $f(x)$ 的间断点．

类型：(1) 若函数 $y=f(x)$ 在点 x_0 的左右极限都存在，但不都等于该点的函数值，则称 x_0 为第一类间断点；

(2) 若函数 $y=f(x)$ 在点 x_0 的左右极限至少有一个不存在，则称 x_0 为第二类间断点．

例 2　判断下列间断点的类型：

(1) $f(x)=\begin{cases}\dfrac{x^2-1}{x-1}, & x\neq 1\\ 1, & x=1\end{cases}$，$x_0=1$

(2) $f(x)=\begin{cases}x+1, & -1\leqslant x\leqslant 0\\ x, & 0<x<1\end{cases}$，$x_0=0$

(3) $f(x)=\sin\dfrac{1}{x}$，$x_0=0$

(4) $f(x)=\dfrac{1}{x-1}$，$x_0=1$

解　(1) 由于 $\lim\limits_{x\to 1} f(x)=\lim\limits_{x\to 1}\dfrac{x^2-1}{x-1}=\lim\limits_{x\to 1}(x+1)=2$，而 $f(1)=1$，故 $\lim\limits_{x\to 1} f(x)\neq f(1)$，则 $x_0=1$ 为第一类间断点；若将 x_0 处的函数值重新定义为 2，则函数在 x_0 处连续．对于这种间断点，我们可以通过补充或重新定义函数在间断点处的值来使得函数在该点处连续，称之为可去间断点．

(2) 由于 $\lim\limits_{x\to 0^-} f(x)=\lim\limits_{x\to 0^-}(x+1)=1$，而 $\lim\limits_{x\to 0^+} f(x)=\lim\limits_{x\to 0^+} x=0$，故 $\lim\limits_{x\to 0^-} f(x)\neq \lim\limits_{x\to 0^+} f(x)$，则 $x_0=0$ 为第一类间断点．因函数 $y=f(x)$ 图形在 $x=0$ 处产生跳跃现象，我们称 $x=0$ 为函数 $y=f(x)$ 的跳跃间断点．

(3) 由于 $x\to 0$ 时，$f(x)$ 的极限不存在，故 $x_0=0$ 为第二类间断点；

(4) 由于 $x\to 1$ 时，$f(x)\to\infty$，极限不存在，故 $x_0=1$ 为第二类间断点．

三、连续函数的运算性质

定理 1（函数的和、差、积、商的连续性）

(1) 有限个在某点连续的函数的和（差）是一个在该点连续的函数；

(2) 有限个在某点连续的函数的乘积是一个在该点连续的函数；

(3) 两个在某点连续的函数的商是一个在该点连续的函数（分母在该点不为零）．

例 3 （1）已知 $f(x)=x$ 与 $g(x)=\sin x$ 都是$(-\infty,+\infty)$上的连续函数，故有 $x\pm\sin x$与 $x\cdot\sin x$ 都是$(-\infty,+\infty)$上的连续函数；

（2）已知 $f(x)=\cos x$ 与 $g(x)=x^2+1$ 都是$(-\infty,+\infty)$上的连续函数，故有$\frac{\cos x}{x^2+1}$是$(-\infty,+\infty)$上的连续函数．

定理 2（反函数的连续性） 单调连续函数的反函数在其对应区间上也是单调连续的．

例如 $f(x)=\sin x$ 是$\left[-\frac{\pi}{2},\frac{\pi}{2}\right]$上的单调连续函数，故有 $y=\arcsin x$ 是$[-1,1]$上的单调连续函数．

定理 3（复合函数的连续性） 设有两个函数 $y=f(u)$与 $u=g(x)$，若函数 $u=g(x)$在点 $x=x_0$ 处连续，函数 $y=f(u)$在点 $u_0=g(x_0)$处连续，则复合函数 $y=f[g(x)]$在点 $x=x_0$ 处也连续．

例如 $y=\sin\frac{1}{x}$由 $y=\sin u$ 与 $u=\frac{1}{x}$复合而成，而 $u=\frac{1}{x}$在 $x=2$ 处连续，$y=\sin u$ 在 $u=\frac{1}{2}$处连续，故有 $y=\sin\frac{1}{x}$在 $x=2$ 处连续．

定理 4（初等函数的连续性） 基本初等函数在它们的定义域内都是连续的；初等函数在其定义区间内是连续的．

例 4 求 $\lim\limits_{x\to 1}\frac{\sin x}{x}$.

解 根据初等函数的连续性，有 $\lim\limits_{x\to 1}\frac{\sin x}{x}=\frac{\sin 1}{1}=\sin 1$.

四、闭区间上连续函数的性质

性质 1（最大值最小值定理） 在闭区间上连续的函数一定有最大值和最小值．

注 若两个条件中有一个不满足时，结论不一定成立．

例如以下两个函数在相应区间上就没有最值：

（1）$f(x)=x$ 在$(2,3)$上；　　（2）$f(x)=\begin{cases}x+1, & -1\leqslant x<0\\ 0, & x=0\\ x-1, & 0<x\leqslant 1\end{cases}$ 在$[-1,1]$上

性质 2（介值定理） 在闭区间上连续的函数一定可取得介于区间两端点的函数值间的任何值．即：若函数 $f(x)$在$[a,b]$上连续，且 $f(a)\neq(b)$，η 为 $f(a)$与 $f(b)$之间的任意一个值，则至少存在一点 $c\in(a,b)$，使得 $f(c)=\eta$.

推论 （1）在闭区间上连续的函数必取得介于最大值最小值之间的任何值；

（2）若函数 $f(x)$在$[a,b]$上连续，且 $f(a)$与 $f(b)$异号，则至少存在一点 $c\in(a,b)$，使得 $f(c)=0$.

例 5 证明方程 $e^x=3x$ 在区间$(0,1)$内至少存在一个根．

证 设函数 $f(x)=e^x-3x$，有 $f(x)$在区间$[0,1]$上连续．又 $f(0)=1,f(1)=e-3$，故 $f(0)f(1)<0$，则可知在$(0,1)$上至少存在一点 c，使得 $f(c)=0$.

习　题　二

(A)

1. 观察下列数列的敛散性；若收敛，指出其极限.

(1) $x_n=\dfrac{3n-2}{n}$；　(2) $x_n=\dfrac{2^n+(-1)^n}{2^n}$；

(3) $x_n=1+\dfrac{(-1)^n}{n}$；　(4) $x_n=1+(-2)^n$；

(5) $x_n=\dfrac{\cos n\pi}{n}$；　(6) $x_n=\dfrac{n^3-1}{n}$.

2. 利用数列极限定义证明.

(1) $\lim\limits_{n\to\infty}\dfrac{n}{n+1}=1$；　(2) $\lim\limits_{n\to\infty}\dfrac{1}{\sqrt{n+1}}=0$；

(3) $\lim\limits_{n\to\infty}\sin\dfrac{\pi}{n}=0$；　(4) $\lim\limits_{n\to\infty}(\sqrt{n+1}-\sqrt{n})=0$；

(5) $\lim\limits_{n\to\infty}\dfrac{2^n}{n!}=0$.

3. 求下列数列的极限.

(1) $\lim\limits_{n\to\infty}\dfrac{2n+1}{n^2}$；　(2) $\lim\limits_{n\to\infty}\dfrac{2n^3+3n^2-5}{7n^3+4n+1}$；

(3) $\lim\limits_{n\to\infty}\left(\dfrac{1}{1\cdot 2}+\dfrac{1}{2\cdot 3}+\cdots+\dfrac{1}{n(n+1)}\right)$；　(4) $\lim\limits_{n\to\infty}\left(\dfrac{1}{2}+\dfrac{1}{2^2}+\dfrac{1}{2^3}+\cdots+\dfrac{1}{2^n}\right)$；

(5) $\lim\limits_{n\to\infty}\dfrac{1+\dfrac{1}{2}+\dfrac{1}{2^2}+\dfrac{1}{2^3}+\cdots+\dfrac{1}{2^n}}{1+\dfrac{1}{3}+\dfrac{1}{3^2}+\dfrac{1}{3^3}+\cdots+\dfrac{1}{3^n}}$；　(6) $\lim\limits_{n\to\infty}\dfrac{(-1)^n+2^n}{(-1)^{n+1}+2^{n+1}}$；

(7) $\lim\limits_{n\to\infty}(\sqrt[n]{1}+\sqrt[n]{2}+\cdots+\sqrt[n]{10})$.

4. 利用 $\lim\limits_{n\to\infty}\left(1+\dfrac{1}{n}\right)^n=\mathrm{e}$，求下列数列的极限.

(1) $\lim\limits_{n\to\infty}\left(1+\dfrac{1}{n}\right)^{n+1}$；　(2) $\lim\limits_{n\to\infty}\left(1-\dfrac{3}{n}\right)^n$；

(3) $\lim\limits_{n\to\infty}\left(1+\dfrac{1}{n+1}\right)^n$；　(4) $\lim\limits_{n\to\infty}\left(\dfrac{n+3}{n+1}\right)^n$.

5. 证明下列数列的极限存在，并求出该极限值.

(1) $\lim\limits_{n\to\infty}(1^n+2^n+3^n)^{\frac{1}{n}}$；

(2) $\lim\limits_{n\to\infty}\left(\dfrac{1}{\sqrt{n^2+1}}+\dfrac{1}{\sqrt{n^2+2}}+\cdots+\dfrac{1}{\sqrt{n^2+n}}\right)$.

6. 已知 $f(x)=\begin{cases}\cos x, & x>0\\ 1+x, & x<0\end{cases}$，求 $f(x)$ 在 $x=0$ 处的左、右极限，并判断 $\lim\limits_{x\to 0}f(x)$ 是否存在．

7. 计算下列极限：

(1) $\lim\limits_{x\to 2}\dfrac{x^2-4x+4}{x^2-4}$；　(2) $\lim\limits_{h\to 0}\dfrac{(x+h)^2-x^2}{h}$；　(3) $\lim\limits_{x\to\infty}\dfrac{1-x^2}{2x^2-1}$；

(4) $\lim\limits_{x\to\infty}\dfrac{x+\sin x}{2x}$；　(5) $\lim\limits_{x\to\frac{\pi}{4}}\dfrac{\cos 2x}{\cos x-\sin x}$；　(6) $\lim\limits_{x\to 0}\dfrac{\sin 6x}{\sin 4x}$；

(7) $\lim\limits_{x\to\infty}x\sin\dfrac{2}{x}$；　(8) $\lim\limits_{x\to\infty}\left(1+\dfrac{5}{x}\right)^{-x}$；　(9) $\lim\limits_{x\to\infty}\left(\dfrac{2-2x}{3-2x}\right)^{x}$；

(10) $\lim\limits_{x\to 0}\dfrac{\tan 3x}{\sin 2x}$；　(11) $\lim\limits_{x\to 0}\dfrac{\ln(1-2x)}{e^x-1}$；　(12) $\lim\limits_{x\to 1}\dfrac{x^2-4x+4}{x^2-4}$.

8. 已知函数 $f(x)=\begin{cases}x+1, & x>-1\\ a+1, & x=-1\\ 2x-b, & x<-1\end{cases}$ 在 $x=-1$ 处连续，求 a,b.

9. 求函数 $f(x)=\begin{cases}x^2+1, & x<1\\ 2-x, & x\geqslant 1\end{cases}$ 的间断点，并判断间断点的类型．

10. 证明方程 $x\cdot 5^x=1$ 至少有一个小于 1 的正根．

(B)

1. 求下列数列的极限．

(1) $\lim\limits_{n\to\infty}\left(\dfrac{1}{1\cdot 2}+\dfrac{1}{2\cdot 3}+\cdots+\dfrac{1}{n(n+1)}\right)^{\frac{1}{n}}$；

(2) $\lim\limits_{n\to\infty}\left(\dfrac{a^{\frac{1}{n}}+b^{\frac{1}{n}}+c^{\frac{1}{n}}}{3}\right)^{n}$（这里 $a,b,c>0$）；

(3) $\lim\limits_{n\to\infty}\left(\dfrac{1}{n^2+n+1}+\dfrac{2}{n^2+n+2}+\cdots+\dfrac{n}{n^2+n+n}\right)$.

2. 设 $x_1=2$，$x_{n+1}=\dfrac{1}{2}\left(x_n+\dfrac{1}{x_n}\right)(n\in\mathbf{N}^+)$，证明 $\{x_n\}$ 极限存在，并求出该极限值．

3. 分别求出满足下列条件的常数 a 与 b.

(1) $\lim\limits_{n\to\infty}\left(\dfrac{n^2+1}{n+1}-an-b\right)=0$；　(2) $\lim\limits_{n\to\infty}\left(\sqrt{n^2-n+1}-an-b\right)=0$.

4. 若 $\alpha\sim\beta$，则在此极限状态下，不成立的是（　　）.

A. $\alpha+o(\alpha)\sim\beta+o(\beta)$；　B. $o(\alpha)+o(\beta)=o(\alpha)$；

C. $o(\alpha)\sim o(\beta)$；　D. $\alpha+o(\beta)\sim\alpha$.

5. 计算下列极限：

(1) $\lim\limits_{x\to+\infty}\sqrt{x}\left(\sqrt{x+2}-2\sqrt{x+1}+\sqrt{x}\right)$；　(2) $\lim\limits_{x\to 0}\dfrac{\cos x+\cos^2 x+\cdots+\cos^n x-n}{\cos x-1}$.

第三章　导数与微分

在第一章我们研究了函数，函数的概念刻画了因变量随自变量变化的依赖关系．但在科学研究与实际生活中，我们常常需要研究：求函数 $f(x)$ 相对于自变量 x 的变化率；当自变量 x 发生微小变化时，函数 $f(x)$ 相应变化的近似值．这就是本章要研究的导数与微分．

导数与微分是高等数学的基本概念之一．导数与微分都是建立在函数极限的基础之上的．导数的概念在于刻画瞬时变化率．微分的概念在于刻画瞬时改变量．求导数的运算被称为微分运算，是微分学的基本运算，也是微积分的重要组成部分．

第一节　导数的概念

在中学课本中，我们学习过平均变化率的概念．对于函数 $y=f(x)$，当自变量 x 由 x_0 变化到 $x_0+\Delta x$ 时，相应的函数增量为 $\Delta y=f(x_0+\Delta x)-f(x_0)$，则称差商 $\frac{\Delta y}{\Delta x}$ 为函数 $f(x)$ 在区间 $[x_0, x_0+\Delta x]$ 上的平均变化率．

在物理学中，平均变化率表现为平均速度，反映了物体在某一段时间内运动的快慢程度．那么，如何精确地刻画物体在某一时刻运动的快慢程度呢？

在几何中，对于曲线 $y=f(x)$，平均变化率近似地刻画了曲线在某区间上的变化趋势．那么，如何精确地刻画曲线上某一点处的变化趋势呢？

一、引例

1. 瞬时速度

设一质点作直线运动，它所经历的路程 s 与时间 t 的函数为 $s=s(t)$，求质点在 t_0 时刻的瞬时速度 $v(t_0)$．

瞬时速度的概念并不神秘，它可以通过平均速度的概念来把握．根据牛顿第一运动定理，物体运动具有惯性，不管它的速度变化多么快，在一段充分短的时间内，它的速度变化总是不大的，可以近似看成匀速运动．通常把这种近似代替称为“以匀代不匀”．

任取接近 t_0 时刻的时刻 $t_0+\Delta t$，相应地路程改变量为 $\Delta s=s(t_0+\Delta t)-s(t_0)$，则质点在时间间隔 $[t_0, t_0+\Delta t]$ 或 $[t_0+\Delta t, t_0]$ 上的平均速度为 $\bar{v}=\frac{\Delta s}{\Delta t}$．显然，当时间间隔 $|\Delta t|$ 越小，质点的平均速度 $\bar{v}$ 越趋近于 t_0 时刻的瞬时速度．因此，若当 $\Delta t\to 0$ 时，平均速

度 $\bar{v}$ 的极限存在，则称极限 $v(t_0)=\lim\limits_{\Delta t\to 0}\dfrac{s(t_0+\Delta t)-s(t_0)}{\Delta t}$为质点在时刻 t_0 的瞬时速度．

2. 切线的斜率

已知曲线方程 $y=f(x)$，$P(x_0,y_0)$是其上一点，求 $y=f(x)$通过点 P 的切线的斜率．

如图 3-1 所示，曲线 $y=f(x)$在其上一点 $P(x_0,y_0)$处的切线 PT 是割线 PQ 当动点 Q 沿此曲线无限接近于点 P 时的极限位置，由于割线 PQ 的斜率为

$$\bar{k}=\tan\varphi=\frac{\Delta y}{\Delta x}=\frac{f(x_0+\Delta x)-f(x_0)}{\Delta x}$$

因此，若当 $\Delta x\to 0$ 时 $\bar{k}$ 的极限存在，则极限 $k=\tan\alpha=\lim\limits_{\Delta x\to 0}\dfrac{f(x_0+\Delta x)-f(x_0)}{\Delta x}$ 为切线 PT 的斜率．

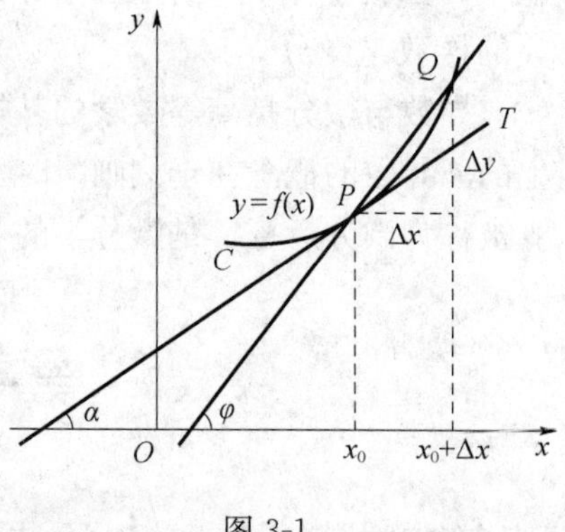

图 3-1

上述两个问题，前一个是运动学中已知运动规律求瞬时速度的问题，后一个是几何学中已知曲线求它的切线的问题．虽然两个问题的实际意义不同，但它们都可归结为函数的增量与自变量增量之比的极限问题，即形如 $\lim\limits_{\Delta x\to 0}\dfrac{f(x_0+\Delta x)-f(x_0)}{\Delta x}$的极限问题．

以后我们将会发现，在计算诸如物质比热、电流强度、线密度等问题中，尽管它们的物理背景各不相同，但最终都归结于讨论极限 $\lim\limits_{\Delta x\to 0}\dfrac{f(x_0+\Delta x)-f(x_0)}{\Delta x}$. 为了统一解决这些问题，引进“导数”的概念．

二、导数的定义

1. 在某点处的导数定义 [1]

定义 1 设函数 $y=f(x)$在点 x_0 的某邻域内有定义，若极限

$$\lim_{\Delta x\to 0}\frac{f(x_0+\Delta x)-f(x_0)}{\Delta x} \tag{1}$$

存在，则称函数 $f(x)$在点 x_0 处可导，并称此极限值为 $f(x)$在点 x_0 处的导数，记作

$$f'(x_0),\quad y'\Big|_{x=x_0},\quad \frac{\mathrm{d}y}{\mathrm{d}x}\Big|_{x=x_0} \text{或} \frac{\mathrm{d}f(x)}{\mathrm{d}x}\Big|_{x=x_0}$$

即

$$f'(x_0)=\lim_{\Delta x\to 0}\frac{f(x_0+\Delta x)-f(x_0)}{\Delta x}$$

1 ①（美国加州大学伯克莱分校的项武义教授）项氏定义：把一个给定函数 $y=f(x)$在其变率有定义之点的变率逐一记录，即得一个由 $f(x)$引导而得的新函数，通常以 $y'=f'(x)$记之，称为 $y=f(x)$的导函数.

②（中国科学院的林群院士）林氏定义：若初等函数 $y=f(x)$在点 x 处的差商可以写为一个常数主项加上一个尾巴函数，即为$\dfrac{f(x+h)-f(x)}{h}=A(x)+r(x,h)$，其中$|r(x,h)|\leqslant C|h|$，其中 C 与 x 无关，则称 $A(x)$即为 $f(x)$在点 x 的导数：$f'(x)=A(x)$.

若令 $x=x_0+\Delta x$，则当 $\Delta x\to 0$ 时，$x\to x_0$. 于是，式（1）可改写为

$$f'(x_0)=\lim_{x\to x_0}\frac{f(x)-f(x_0)}{x-x_0} \tag{2}$$

若令 $h=\Delta x$，则有 $f'(x_0)=\lim\limits_{h\to 0}\dfrac{f(x_0+h)-f(x_0)}{h}$.

若式（1）或式（2）极限不存在，则称 $f(x)$ 在 x_0 点处不可导.

导数表示的是函数增量 Δy 与自变量增量 Δx 的比值 $\dfrac{\Delta y}{\Delta x}$ 的极限，我们称导数 $f'(x_0)$ 为 $f(x)$ 在 x_0 处关于 x 的变化率. 因此，引例中瞬时速度 $v(t_0)=s'(t_0)$，曲线上一点处切线的斜率 $k=f'(x_0)$.

注　(1) 对于在点 x_0 处连续的函数 $f(x)$，当极限 $\lim\limits_{\Delta x\to 0}\dfrac{f(x_0+\Delta x)-f(x_0)}{\Delta x}=\infty$ 时，虽然导数不存在，但是为了方便，也称 $f(x)$ 在点 x_0 处的导数为无穷大，且记作 $f'(x_0)=\infty$.

今后，若没有特别说明，“函数可导”均是指函数存在有限导数值.

(2) 若函数 $f(x)$ 在点 x_0 处可导，试问 $f'(x_0)$ 与 $[f(x_0)]'$ 有何区别？$f'(x_0)$ 是函数 $f(x)$ 在点 x_0 处的导数值，而 $[f(x_0)]'$ 是常数 $f(x_0)$ 的导数.

例 1　求函数 $f(x)=x^2$ 在点 $x=1$ 处的导数.

解　由定义知，

$$f'(1)=\lim_{\Delta x\to 0}\frac{f(1+\Delta x)-f(1)}{\Delta x}=\lim_{\Delta x\to 0}\frac{(1+\Delta x)^2-1}{\Delta x}=\lim_{\Delta x\to 0}\frac{2\Delta x+(\Delta x)^2}{\Delta x}=\lim_{\Delta x\to 0}(2+\Delta x)=2.$$

例 2　假设 $f'(x_0)$ 存在，根据导数定义求下列极限.

(1) $\lim\limits_{\Delta x\to 0}\dfrac{f(x_0-\Delta x)-f(x_0)}{\Delta x}$；

(2) $\lim\limits_{h\to 0}\dfrac{f(x_0+h)-f(x_0-h)}{h}$.

解　由定义知，

(1) $\lim\limits_{\Delta x\to 0}\dfrac{f(x_0-\Delta x)-f(x_0)}{\Delta x}=-\lim\limits_{\Delta x\to 0}\dfrac{f(x_0+(-\Delta x))-f(x_0)}{-\Delta x}=-f'(x_0)$；

(2)
$$\lim_{h\to 0}\frac{f(x_0+h)-f(x_0-h)}{h}=\lim_{h\to 0}\frac{[f(x_0+h)-f(x_0)]-[f(x_0-h)-f(x_0)]}{h}$$
$$=\lim_{h\to 0}\left[\frac{f(x_0+h)-f(x_0)}{h}+\frac{f(x_0-h)-f(x_0)}{-h}\right]=f'(x_0)+f'(x_0)=2f'(x_0).$$

注　一般地，根据导数定义可得，当 $f'(x_0)$ 存在时，m，n 为任意实数，则有 $\lim\limits_{h\to 0}\dfrac{f(x_0+mh)-f(x_0+nh)}{h}=(m-n)f'(x_0)$.

2. 单侧导数

若只讨论函数在点 x_0 的右邻域（左邻域）的上变化率，我们需引进单侧导数的概念.

由于导数是函数的增量与自变量增量的比值的极限，类似于单侧极限，可以定义单侧导数.

定义 2 设函数 $y=f(x)$ 在点 x_0 的某右邻域 $[x_0,x_0+\delta)$ 有定义，若右极限

$$\lim_{\Delta x\to 0^+}\frac{\Delta y}{\Delta x}=\lim_{\Delta x\to 0^+}\frac{f(x_0+\Delta x)-f(x_0)}{\Delta x} \tag{3}$$

存在，则称该极限值为 f 在点 x_0 的右导数,记作 $f'_+(x_0)$. 即

$$f'_+(x_0)=\lim_{\Delta x\to 0^+}\frac{f(x_0+\Delta x)-f(x_0)}{\Delta x}$$

类似地，我们可以定义左导数

$$f'_-(x_0)=\lim_{\Delta x\to 0^-}\frac{f(x_0+\Delta x)-f(x_0)}{\Delta x} \tag{4}$$

右导数和左导数统称为单侧导数.

如同左、右极限与极限之间的关系，我们有

定理 1 若函数 $y=f(x)$ 在点 x_0 的某邻域内有定义，则 $f'(x_0)$ 存在的充要条件是 $f'_+(x_0)$ 与 $f'_-(x_0)$ 都存在，且 $f'_+(x_0)=f'_-(x_0)$.

例 3 设 $f(x)=\begin{cases}1-\cos x, & x\geqslant 0\\ x, & x<0\end{cases}$，讨论 $f(x)$ 在 $x=0$ 处的左、右导数与导数.

解 由于

$$\frac{f(0+\Delta x)-f(0)}{\Delta x}=\begin{cases}\dfrac{1-\cos\Delta x}{\Delta x}, & \Delta x>0\\ 1, & \Delta x<0\end{cases}$$

因此，$f'_+(0)=\lim\limits_{\Delta x\to 0^+}\dfrac{1-\cos\Delta x}{\Delta x}=0$，$f'_-(0)=\lim\limits_{\Delta x\to 0^-}1=1$.

因为 $f'_+(0)\neq f'_-(0)$，所以 $f(x)$ 在 $x=0$ 处不可导.

注 (1) 对于分段点两侧表达式不一样的分段函数在分段点处必须先要讨论单侧导数.

例如：$f(x)=\begin{cases}g(x), & x\geqslant x_0\\ h(x), & x<x_0\end{cases}$ 或 $f(x)=\begin{cases}g(x), & x>x_0\\ h(x), & x\leqslant x_0\end{cases}$ 或 $f(x)=\begin{cases}g(x), & x>x_0\\ A, & x=x_0\\ h(x), & x<x_0\end{cases}$

这类分段函数，因为在分段点两侧函数不一样，因此先要讨论单侧导数，然后根据单侧导数的关系来确定是否在分段点处可导.

(2) 函数 $f(x)=\begin{cases}g(x), & x\neq x_0\\ A, & x=x_0\end{cases}$ 分段点两侧函数相同，直接用导数定义求分段点导数即可，不需要先求单侧导数.

3. 导函数

定义 3 如果 $f(x)$ 在开区间 (a,b) 内每一点都可导，则称 $f(x)$ 在开区间 (a,b) 内可导；如果 $f(x)$ 在开区间 (a,b) 内可导，且在 a 点处存在右导数，在 b 点处存在左导数，则称 $f(x)$ 在闭区间 $[a,b]$ 上可导.

若函数 $f(x)$ 在区间 (a,b) 内可导，此时对每一个 $x\in(a,b)$，都有 $f(x)$ 的唯一导数

值 $f'(x)$ 与之对应．这样就定义了一个函数，称 $f'(x)$ 为 $f(x)$ 在 (a,b) 内的导函数，简称为导数．记作 $f'(x),y'$ 或 $\frac{dy}{dx}$，即

$$f'(x)=\lim_{\Delta x\to 0}\frac{f(x+\Delta x)-f(x)}{\Delta x},x\in(a,b) \tag{5}$$

注　(1) 函数 $y=f(x)$ 在点 x_0 处的导数 $f'(x_0)$ 就是导函数 $f'(x)$ 在点 $x=x_0$ 处的函数值，即 $f'(x_0)=f'(x)|_{x=x_0}$．

(2) 我们把 $\frac{dy}{dx}$ 看作为一个整体，也可把它理解为 $\frac{d}{dx}$ 施加于 y 的求导运算，在“微分”之后，我们将说明这个记号实际上是一个“商”．相应于上述各种表示导数的形式，$f'(x_0)$ 有时也写作 $y'|_{x=x_0}$ 或 $\frac{dy}{dx}|_{x=x_0}$．

(3) 用定义计算 $y=f(x)$ 的导数的一般步骤：①求增量 $\Delta y=f(x+\Delta x)-f(x)$；②算比值 $\frac{\Delta y}{\Delta x}=\frac{f(x+\Delta x)-f(x)}{\Delta x}$；③取极限 $f'(x)=\lim\limits_{\Delta x\to 0}\frac{f(x+\Delta x)-f(x)}{\Delta x}$.

例 4　证明：

(1) $(x^n)'=nx^{n-1},n$ 为正整数；

(2) $(\sin x)'=\cos x$；

(3) $(\log_a x)'=\frac{1}{x\ln a}$，$(a>0,a\neq 1,x>0)$．

证　(1) 由于 $\frac{\Delta y}{\Delta x}=\frac{(x+\Delta x)^n-x^n}{\Delta x}=C_n^1x^{n-1}+C_n^2x^{n-2}\Delta x+\cdots+C_n^n(\Delta x)^{n-1}$，

因此，$y'=\lim\limits_{\Delta x\to 0}\frac{\Delta y}{\Delta x}=\lim\limits_{\Delta x\to 0}(C_n^1x^{n-1}+C_n^2x^{n-2}\Delta x+\cdots+C_n^n(\Delta x)^{n-1})=C_n^1x^{n-1}=nx^{n-1}$.

(2) 由于

$$\frac{\Delta y}{\Delta x}=\frac{\sin(x+\Delta x)-\sin x}{\Delta x}=\frac{2\sin\frac{\Delta x}{2}\cos\left(x+\frac{\Delta x}{2}\right)}{\Delta x}=\frac{\sin\frac{\Delta x}{2}}{\frac{\Delta x}{2}}\cdot\cos\left(x+\frac{\Delta x}{2}\right)$$

且 $\cos x$ 是 $(-\infty,+\infty)$ 上的连续函数，因此得到

$$(\sin x)'=\lim_{\Delta x\to 0}\frac{\sin\frac{\Delta x}{2}}{\frac{\Delta x}{2}}\cdot\lim_{\Delta x\to 0}\cos\left(x+\frac{\Delta x}{2}\right)=\cos x$$

(3) 由于 $\frac{\Delta y}{\Delta x}=\frac{\log_a(x+\Delta x)-\log_a x}{\Delta x}=\frac{1}{\Delta x}\log_a\left(1+\frac{\Delta x}{x}\right)=\frac{1}{x}\log_a\left(1+\frac{\Delta x}{x}\right)^{\frac{x}{\Delta x}}$，所以 $(\log_a x)'=\lim\limits_{\Delta x\to 0}\frac{1}{x}\log_a\left(1+\frac{\Delta x}{x}\right)^{\frac{x}{\Delta x}}=\frac{1}{x}\log_a e=\frac{1}{x\ln a}$.

注　仿照例 4，运用导数的定义，我们可以得到下列基本初等函数的求导公式．

(1) $(C)'=0$，C 为常数；　　(2) $(x^\alpha)'=\alpha x^{\alpha-1},\alpha\neq 0$ 为常数；

(3) $(\sin x)'=\cos x$；　　　　(4) $(\cos x)'=-\sin x$；

(5) $(a^x)'=a^x\ln a$，$(a>0,a\neq1)$. 特别地，$(e^x)'=e^x$.

(6) $(\log_a x)'=\dfrac{1}{x\ln a}$，$(a>0,a\neq1,x>0)$. 特别地，$(\ln x)'=\dfrac{1}{x}$，$(x>0)$.

例 5　(1) 设 $f(x)=\begin{cases}x^2, & x\neq1\\ \dfrac{1}{2}, & x=1\end{cases}$，求 $f'(x)$.

(2) 设 $f(x)=\begin{cases}x, & x<0\\ \sin x, & x\geqslant0\end{cases}$，求 $f'(x)$.

解　(1) 当 $x\neq1$ 时，$f(x)=x^2$，故 $f'(x)=2x$；

当 $x=1$ 时，由于 $x=1$ 为分段点，其左右两侧的函数相同，所以直接由导数的定义有

$$f'(1)=\lim_{\Delta x\to0}\frac{f(1+\Delta x)-f(1)}{\Delta x}=\lim_{\Delta x\to0}\frac{(1+\Delta x)^2-\frac{1}{2}}{\Delta x}=\infty$$

因此，$f(x)$在 $x=1$ 处不可导，故 $f'(x)=2x$，$x\neq1$.

(2) 当 $x<0$ 时，$f(x)=x$，故 $f'(x)=1$；当 $x>0$ 时，$f(x)=\sin x$，故 $f'(x)=\cos x$；

当 $x=0$ 时，由于 $x=0$ 为分段点，其左右两侧的函数不同，所以先讨论分段点处的左、右导数

$$f'_-(0)=\lim_{\Delta x\to0^-}\frac{f(0+\Delta x)-f(0)}{\Delta x}=\lim_{\Delta x\to0^-}\frac{\Delta x}{\Delta x}=1$$

$$f'_+(0)=\lim_{\Delta x\to0^+}\frac{f(0+\Delta x)-f(0)}{\Delta x}=\lim_{\Delta x\to0^+}\frac{\sin(\Delta x)}{\Delta x}=1$$

由于 $f'_+(0)=f'_-(0)=1$，因此 $f(x)$在 $x=0$ 处可导，且 $f'(0)=1$，故

$$f'(x)=\begin{cases}\cos x, & x>0\\ 1, & x\leqslant0\end{cases}$$

注　求分段函数导数的方法：

(1) 在定义子区间内直接用求导公式求导；

(2) 分段点处必须用定义求导，若分段点处两侧函数不同，则先要讨论左右导数，然后根据左右导数的关系来确定是否在分段点处可导.

三、导数的几何意义

由切线问题和导数定义，我们知道如果函数 $y=f(x)$在点 x_0 处可导，导数 $f'(x_0)$的几何意义是 $f'(x_0)$为曲线 $y=f(x)$在点$(x_0,f(x_0))$处的切线斜率.

若 α 表示这条切线与 x 轴正向的夹角，则 $f'(x_0)=\tan\alpha$. 从而 $f'(x_0)>0$ 意味着切线与 x 轴正向的夹角为锐角；$f'(x_0)<0$ 意味着切线与 x 轴正向的夹角为钝角；$f'(x_0)=0$ 表示切线与 x 轴平行.

因此，当 $y=f(x)$ 在点 x_0 处可导时，曲线 $y=f(x)$ 在点 (x_0,y_0) 的切线方程是

$$y-y_0=f'(x_0)(x-x_0) \tag{6}$$

如果 $f'(x_0)\neq 0$，则曲线 $y=f(x)$ 在点 (x_0,y_0) 的法线方程是

$$y-y_0=-\frac{1}{f'(x_0)}(x-x_0) \qquad y-y_0=-\frac{1}{f'(x_0)}(x-x_0) \tag{7}$$

若 $f'(x_0)=0$，则曲线 $y=f(x)$ 在点 (x_0,y_0) 处具有平行于 x 轴的切线，切线方程是 $y=y_0$，法线方程是 $x=x_0$.

若 $f'(x_0)=\infty$（此时导数不存在，倾斜角是 90°），则曲线 $y=f(x)$ 在点 (x_0,y_0) 处具有垂直于 x 轴的切线，切线方程是 $x=x_0$，法线方程是 $y=y_0$.

例 6　求曲线 $y=x^3$ 在点 $P(1,1)$ 处的切线方程和法线方程.

解　$y'=3x^2$，$y'|_{x=1}=3x^2|_{x=1}=3$，从而过点 P 的切线斜率为 $k=3$，法线的斜率为 $k_1=-\dfrac{1}{3}$. 所以切线方程为

$$y-1=3(x-1)，即\ y=3x-2$$

法线方程为

$$y-1=-\frac{1}{3}(x-1)，即\ y=-\frac{1}{3}x+\frac{4}{3}$$

四、可导与连续的关系

若函数 $y=f(x)$ 在点 x_0 处连续，则有 $\lim\limits_{\Delta x\to 0}\Delta y=0$. 若 $y=f(x)$ 在点 x_0 处可导，则有 $\lim\limits_{\Delta x\to 0}\dfrac{\Delta y}{\Delta x}$ 存在. 那么可导与连续之间有什么关系呢？

定理 2　若函数 $f(x)$ 在点 x_0 处可导，则 $f(x)$ 在点 x_0 处连续.

证　由函数 $f(x)$ 在点 x_0 处可导，则有 $\lim\limits_{\Delta x\to 0}\dfrac{\Delta y}{\Delta x}$ 存在，于是

$$\lim_{\Delta x\to 0}\Delta y=\lim_{\Delta x\to 0}\left(\frac{\Delta y}{\Delta x}\cdot\Delta x\right)=\lim_{\Delta x\to 0}\frac{\Delta y}{\Delta x}\cdot\lim_{\Delta x\to 0}\Delta x=0$$

因此，$f(x)$ 在点 x_0 处连续.

例 7　讨论函数 $y=|x|$ 在 $x=0$ 处的连续性、可导性.

解　因为 $y=|x|=\begin{cases}x, & x\geqslant 0\\ -x, & x<0\end{cases}$，所以 $\lim\limits_{\Delta x\to 0}\Delta y=\lim\limits_{\Delta x\to 0}|\Delta x|=0$，即 $y=|x|$ 在 $x=0$ 处连续.

当 $\Delta x\neq 0$ 时，$\dfrac{\Delta y}{\Delta x}=\dfrac{|\Delta x|}{\Delta x}=\begin{cases}1, & \Delta x>0\\ -1, & \Delta x<0\end{cases}$，所以

$$f'_-(0)=\lim_{\Delta x\to 0^-}\frac{\Delta y}{\Delta x}=-1，f'_+(0)=\lim_{\Delta x\to 0^+}\frac{\Delta y}{\Delta x}=1$$

由于 $f'_-(0)\neq f'_+(0)$，所以 $f(x)$在 $x=0$ 处不可导．

注 (1) 可导仅是函数在该点连续的充分条件，而不是必要条件，如例 7 中的 $f(x)=|x|$在点 $x=0$ 处连续，但不可导．

(2) 其逆否命题为：若函数 $f(x)$在点 x_0 处不连续，则 $f(x)$在点 x_0 处不可导．此命题可作为判断一个函数不可导的依据．

(3) 函数 $f(x)$在点 x_0 处不可导的几种情形：① 函数在该点不连续；② 函数在该点的左右导数中至少有一个不存在；③ 函数在该点的左右导数都存在，但是不相等．

例 8 已知函数 $f(x)=\begin{cases} e^x, & x\leqslant 0 \\ x^2+ax+b, & x>0 \end{cases}$，问 a,b 为何值时，函数 $f(x)$在 $x=0$ 处可导？

解 由 $f(x)$在 $x=0$ 处可导知，$f(x)$在 $x=0$ 处连续，即

$$\lim_{x\to 0^-}f(x)=\lim_{x\to 0^+}f(x)=f(0).$$

而 $\lim\limits_{x\to 0^+}f(x)=\lim\limits_{x\to 0^+}(x^2+ax+b)=b=1=f(0)$，所以 $b=1$.

又由 $f(x)$在 $x=0$ 处可导知，$f'_-(0)=f'_+(0)$，

而 $f'_-(0)=\lim\limits_{\Delta x\to 0^-}\dfrac{\Delta y}{\Delta x}=\lim\limits_{\Delta x\to 0^-}\dfrac{e^{\Delta x}-1}{\Delta x}=1$，$f'_+(0)=\lim\limits_{\Delta x\to 0^+}\dfrac{\Delta y}{\Delta x}=\lim\limits_{\Delta x\to 0^+}\dfrac{(\Delta x)^2+a\Delta x}{\Delta x}=a$，

所以 $a=1$.

故 $a=1,b=1$ 时，函数 $f(x)$在 $x=0$ 处可导．

第二节　求导法则

上一节我们用导数定义求出了一些简单函数的导数，对于较复杂的函数，虽然也可以用定义来求，但通常极为繁琐．本节将介绍一些求函数导数的基本法则，利用这些法则，则能较简单地求出常见函数的导数．

一、导数的四则运算

定理 1 若函数 $u(x)$和 $v(x)$为可导函数，则它们的和、差、积、商（分母不为零）也可导，且有如下公式

(1) $[u(x)\pm v(x)]'=u'(x)\pm v'(x)$；

(2) $[u(x)v(x)]'=u'(x)v(x)+u(x)v'(x)$；

(3) $\left[\dfrac{u(x)}{v(x)}\right]'=\dfrac{u'(x)v(x)-u(x)v'(x)}{[v(x)]^2}\quad (v(x)\neq 0)$.

证 (1) $[u(x)\pm v(x)]'=\lim\limits_{\Delta x\to 0}\dfrac{[u(x+\Delta x)\pm v(x+\Delta x)]-[u(x)\pm v(x)]}{\Delta x}$

$$=\lim_{\Delta x\to 0}\frac{u(x+\Delta x)-u(x)}{\Delta x}\pm\lim_{\Delta x\to 0}\frac{v(x+\Delta x)-v(x)}{\Delta x}$$

$$=u'(x)\pm v'(x)$$

(2) $[u(x)v(x)]'=\lim\limits_{\Delta x\to 0}\dfrac{u(x+\Delta x)v(x+\Delta x)-u(x)v(x)}{\Delta x}$

$$=\lim_{\Delta x\to 0}\frac{[u(x+\Delta x)v(x+\Delta x)-u(x)v(x+\Delta x)]+[u(x)v(x+\Delta x)-u(x)v(x)]}{\Delta x}$$

$$=\lim_{\Delta x\to 0}\frac{u(x+\Delta x)-u(x)}{\Delta x}\cdot v(x+\Delta x)+\lim_{\Delta x\to 0}u(x)\cdot\frac{v(x+\Delta x)-v(x)}{\Delta x}$$

$$=u'(x)v(x)+u(x)v'(x)$$

(3) $\left[\dfrac{u(x)}{v(x)}\right]'=\lim\limits_{\Delta x\to 0}\dfrac{u(x+\Delta x)/v(x+\Delta x)-u(x)/v(x)}{\Delta x}$

$$=\lim_{\Delta x\to 0}\frac{[u(x+\Delta x)/\Delta x]\cdot v(x)-[u(x)/\Delta x]\cdot v(x+\Delta x)}{v(x)\cdot v(x+\Delta x)}$$

$$=\frac{\lim\limits_{\Delta x\to 0}\{\{[u(x+\Delta x)-u(x)]/\Delta x\}\cdot v(x)-u(x)\cdot\{[v(x+\Delta x)-v(x)]/\Delta x\}\}}{\lim\limits_{\Delta x\to 0}v(x)\cdot v(x+\Delta x)}$$

$$=\frac{u'(x)v(x)-u(x)v'(x)}{[v(x)]^2}\quad(v(x)\neq 0)$$

推论 1　(1) 设函数 $u=u(x)$ 可导，c 为常数，则 $[cu(x)]'=cu'(x)$.

(2) 设函数 $v=v(x)$ 可导，且 $v(x)\neq 0$，则 $\left[\dfrac{1}{v(x)}\right]'=-\dfrac{v'(x)}{[v(x)]^2}$.

定理 1 的结论 (1)、(2) 可以推广到任意有限个函数的情形.

推论 2　(1) 设函数 $u_i(x)$，$(i=1,2,\cdots n)$ 都可导，则

$[a_1u_1(x)+\cdots+a_nu_n(x)]'=a_1u'_1(x)+\cdots+a_nu'_n(x)$，其中 $a_1,\cdots,a_n$ 为常数；

$[u_1(x)u_2(x)\cdots u_n(x)]'$

$=u'_1(x)u_2(x)\cdots u_n(x)+u_1(x)u'_2(x)u_3(x)\cdots u_n(x)+\cdots+u_1(x)\cdots u_{n-1}(x)u_n'(x)$.

(2) 设函数 $f(x)$ 可导，n 为正整数，则

$$[(f(x))^n]'=n(f(x))^{n-1}\cdot f'(x)$$

$$[(f(x))^{-n}]'=-n(f(x))^{-n-1}\cdot f'(x)，其中 f(x)\neq 0.$$

例 1　求下列函数的导数.

(1) 设 $f(x)=x^3+5x^2-9x+\pi$，求 $f'(x)$.

(2) 设 $y=\cos x\ln x$，求 $y'|_{x=\pi}$.

(3) 设 $f(x)=e^x(\sin x+\cos x)$，求 $f'(x)$.

解　(1) $f'(x)=(x^3)'+5(x^2)'-9(x)'+(\pi)'=3x^2+10x-9$

(2) 因为 $y'=(\cos x)'\ln x+\cos x(\ln x)'=-\sin x\ln x+\dfrac{1}{x}\cos x$，所以 $y'|_{x=\pi}=-\dfrac{1}{\pi}$

(3) $f'(x)=(e^x)'(\sin x+\cos x)+e^x(\sin x+\cos x)'$

$$=e^x(\sin x+\cos x)+e^x(\cos x-\sin x)=2e^x\cos x$$

例 2　证明：$(\tan x)'=\sec^2x$，$(\sec x)'=\sec x\tan x$.

证　$(\tan x)'=\left(\dfrac{\sin x}{\cos x}\right)'=\dfrac{(\sin x)'\cos x-\sin x(\cos x)'}{\cos^2x}$

$$=\frac{\cos^2x+\sin^2x}{\cos^2x}=\frac{1}{\cos^2x}=\sec^2x$$

$$(\sec x)'=\left(\frac{1}{\cos x}\right)'=-\frac{(\cos x)'}{\cos^2 x}=\frac{\sin x}{\cos^2 x}=\frac{1}{\cos x}\cdot\frac{\sin x}{\cos x}=\sec x\tan x$$

用类似方法可得公式：$(\cot x)'=-\csc^2 x$，$(\csc x)'=-\csc x\cot x$.

以上四个三角函数的求导公式今后可作为结论使用.

二、反函数的导数

我们已经求得对数函数与三角函数的导数，为求得它们的反函数的导数，下面先证明反函数求导公式.

定理 2 设 $x=\varphi(y)$在区间 I 内单调可导，且 $\varphi'(y)\neq 0$，$y=f(x)$为其反函数，则 $y=f(x)$在对应区间上可导，且

$$f'(x)=\frac{1}{\varphi'(y)}$$

证 因为 $x=\varphi(y)$在区间 I 内单调可导，从而连续. 于是，$x=\varphi(y)$的反函数 $y=f(x)$存在，且在对应区间上单调连续，对该区间内任意的 $x,x+\Delta x(\Delta x\neq 0)$，有 $f'(x)=\lim\limits_{\Delta x\to 0}\dfrac{\Delta y}{\Delta x}=\lim\limits_{\Delta y\to 0}\dfrac{\Delta y}{\Delta x}=\dfrac{1}{\lim\limits_{\Delta y\to 0}\dfrac{\Delta x}{\Delta y}}=\dfrac{1}{\varphi'(y)}$.

例 3 证明

(1) $(\arcsin x)'=\dfrac{1}{\sqrt{1-x^2}},x\in(-1,1)$；

(2) $(\arctan x)'=\dfrac{1}{1+x^2},x\in(-\infty,\infty)$.

证 (1) 由于 $y=\arcsin x$，$x\in(-1,1)$是 $x=\sin y$，$y\in\left(-\dfrac{\pi}{2},\dfrac{\pi}{2}\right)$的反函数，而 $x=\sin y$ 在$\left(-\dfrac{\pi}{2},\dfrac{\pi}{2}\right)$内单调可导，且$(\sin y)'=\cos y>0$. 因此，在$(-1,1)$内有

$$(\arcsin x)'=\frac{1}{(\sin y)'}=\frac{1}{\cos y}=\frac{1}{\sqrt{1-\sin^2 y}}=\frac{1}{\sqrt{1-x^2}}$$

用类似的方法，可求反余弦函数的导数公式$(\arccos x)'=-\dfrac{1}{\sqrt{1-x^2}},x\in(-1,1)$.

(2) 由于 $y=\arctan x$，$x\in(-\infty,+\infty)$是 $x=\tan y$，$y\in\left(-\dfrac{\pi}{2},\dfrac{\pi}{2}\right)$的反函数，而 $x=\tan y$在$\left(-\dfrac{\pi}{2},\dfrac{\pi}{2}\right)$内单调可导，且$(\tan y)'=\sec^2 y>0$. 因此，在$(-\infty,+\infty)$内有

$$(\arctan x)'=\frac{1}{(\tan y)'}=\frac{1}{\sec^2 y}=\frac{1}{1+\tan^2 y}=\frac{1}{1+x^2}$$

用类似的方法，可求反余切函数的导数公式$(\operatorname{arccot} x)'=-\dfrac{1}{1+x^2},x\in(-\infty,\infty)$.

通过上面的练习，我们得到了反三角函数的求导公式，以后可以直接使用.

三、复合函数的导数

定理 3　设 $u=\varphi(x)$ 在点 x 处可导，$y=f(u)$ 在对应的点 $u=\varphi(x)$ 处可导，则复合函数 $y=f(\varphi(x))$ 在点 x 处可导，且 $[f(\varphi(x))]'=f'(u)\cdot\varphi'(x)$.

注　(1) 复合函数的求导公式亦称为链式法则．上述求导公式一般也写作 $\frac{\mathrm{d}y}{\mathrm{d}x}=\frac{\mathrm{d}y}{\mathrm{d}u}\cdot\frac{\mathrm{d}u}{\mathrm{d}x}$.

(2) 复合函数的求导法则也可以推广到多个中间变量的情形．例如，设 $y=f(u)$，$u=\varphi(v)$，$v=\psi(x)$ 都可导，则复合函数 $y=f[\varphi(\psi(x))]$ 也可导，并且 $\frac{\mathrm{d}y}{\mathrm{d}x}=\frac{\mathrm{d}y}{\mathrm{d}u}\cdot\frac{\mathrm{d}u}{\mathrm{d}v}\cdot\frac{\mathrm{d}v}{\mathrm{d}x}$.

例 4　求下列复合函数的导数．

(1) $y=(x^2-5)^{10}$；　　(2) $y=\sin x^2$；

(3) $y=\ln\left(\arctan\frac{x}{2}\right)$；　　(4) 设 $f(x)$ 可导，求 $y=f(\ln x)$ 的导数．

解　(1) $y=(x^2-5)^{10}$ 可看作是 $y=u^{10}$ 与 $u=x^2-5$ 复合而成的复合函数，由链式法则得 $\frac{\mathrm{d}y}{\mathrm{d}x}=\frac{\mathrm{d}y}{\mathrm{d}u}\cdot\frac{\mathrm{d}u}{\mathrm{d}x}=10u^9\cdot 2x=20x(x^2-5)^9$.

(2) $y=\sin x^2$ 可看作是 $y=\sin u$ 与 $u=x^2$ 复合而成的复合函数，由链式法则得

$$\frac{\mathrm{d}y}{\mathrm{d}x}=\frac{\mathrm{d}y}{\mathrm{d}u}\cdot\frac{\mathrm{d}u}{\mathrm{d}x}=\cos u\cdot 2x=2x\cos x^2$$

(3) $y=\ln\left(\arctan\frac{x}{2}\right)$ 可看作是 $y=\ln u$、$u=\arctan v$ 与 $v=\frac{x}{2}$ 复合而成的复合函数，由链式法则得 $\frac{\mathrm{d}y}{\mathrm{d}x}=\frac{\mathrm{d}y}{\mathrm{d}u}\cdot\frac{\mathrm{d}u}{\mathrm{d}v}\cdot\frac{\mathrm{d}v}{\mathrm{d}x}=\frac{1}{u}\cdot\frac{1}{1+v^2}\cdot\frac{1}{2}=\frac{2}{(x^2+4)\cdot\arctan\frac{x}{2}}$.

(4) $y=f(\ln x)$ 可看作由 $y=f(u)$ 与 $u=\ln x$ 复合而成的复合函数，由链式法则得

$$\frac{\mathrm{d}y}{\mathrm{d}x}=\frac{\mathrm{d}y}{\mathrm{d}u}\cdot\frac{\mathrm{d}u}{\mathrm{d}x}=f'(u)\cdot\frac{1}{x}=\frac{f'(\ln x)}{x}$$

注　一般地有 $f'(\varphi(x))\neq[f(\varphi(x))]'$，这是因为 $f'(\varphi(x))=f'(u)|_{u=\varphi(x)}$，而 $[f(\varphi(x))]'=f'(\varphi(x))\varphi'(x)$.

从以上例子可以看出，应用复合函数的求导法则时，首先要分析所给函数可看作由哪些函数复合而成，也就是将复合函数分解成比较简单的函数，然后对每个简单函数分别求导，并求它们的积，最后再把引进的中间变量换成自变量的相应的函数，这样就可以求出所给函数的导数．

当比较熟练地掌握了复合函数的分解和链式法则后，计算时就不必写出中间变量，而只需由外到内，逐层求导即可，即 $[f(\square)]'=f'(\square)\cdot\square'$.

例 5　求下列函数的导函数．

(1) $y=\ln|x|,(x\neq0)$；　　(2) $y=\ln(x+\sqrt{1+x^2})$；

(3) $y=\ln\sqrt{\dfrac{1+x^2}{1-x^2}}$.

解 (1) 当 $x>0$ 时，$y'=(\ln x)'=\dfrac{1}{x}$；当 $x<0$ 时，$y'=[\ln(-x)]'=\dfrac{1}{-x}\cdot(-x)'=\dfrac{1}{x}$.

故$(\ln|x|)'=\dfrac{1}{x}(x\neq 0)$.

一般地，若函数 $f(x)$ 可导，则当 $f(x)\neq 0$ 时，函数 $\ln|f(x)|$ 也可导，且有 $(\ln|f(x)|)'=\dfrac{f'(x)}{f(x)}$.

(2) $y'=[\ln(x+\sqrt{1+x^2})]'=\dfrac{1}{x+\sqrt{1+x^2}}(x+\sqrt{1+x^2})'$

$$=\frac{1}{x+\sqrt{1+x^2}}[1+(\sqrt{1+x^2})']=\frac{1}{x+\sqrt{1+x}}\left(1+\frac{1}{2\sqrt{1+x^2}}(1+x^2)'\right)$$

$$=\frac{1}{x+\sqrt{1+x^2}}\left(1+\frac{x}{\sqrt{1+x^2}}\right)=\frac{1}{\sqrt{1+x^2}}$$

(3) 由对数的性质知，$y=\ln\sqrt{\dfrac{1+x^2}{1-x^2}}=\dfrac{1}{2}[\ln(1+x^2)-\ln(1+x)-\ln(1-x)]$，于是，$y'=\dfrac{1}{2}\left(\dfrac{2x}{1+x^2}-\dfrac{1}{1+x}+\dfrac{1}{1-x}\right)=\dfrac{2x}{1-x^4}$.

例 6 （对数求导法）设 $y=\dfrac{(x+5)^2(x-4)^{\frac{1}{3}}}{(x+2)^5(x+4)^{\frac{1}{2}}}(x>4)$，求 y'.

解 先对函数两边取自然对数，得

$$\ln y=\ln\frac{(x+5)^2(x-4)^{\frac{1}{3}}}{(x+2)^5(x+4)^{\frac{1}{2}}}$$

$$=2\ln(x+5)+\frac{1}{3}\ln(x-4)-5\ln(x+2)-\frac{1}{2}\ln(x+4)$$

再将上式两边同时对 x 求导数，得

$$\frac{1}{y}\cdot y'=\frac{2}{x+5}+\frac{1}{3(x-4)}-\frac{5}{x+2}-\frac{1}{2(x+4)}$$

整理后得到

$$y'=\frac{(x+5)^2(x-4)^{\frac{1}{3}}}{(x+2)^5(x+4)^{\frac{1}{2}}}\left[\frac{2}{x+5}+\frac{1}{3(x-4)}-\frac{5}{x+5}-\frac{1}{2(x+4)}\right]$$

虽然我们可以用导数的乘积和商的公式来求例 6 中的导数，但用对数求导法显得更为清晰、简便．

注 (1) 对数求导法常用于幂指函数求导数．当函数是由多个因子的乘积、乘幂或商构成的，使用对数求导法也会取得较好的效果．

(2) 设幂指函数 $y=u(x)^{v(x)}$，其中 $u(x)>0$，且 $u(x)$ 和 $v(x)$ 均可导，运用对数求

导法可得其导数为 $y'=u(x)^{v(x)}\left[v'(x)\ln u(x)+v(x)\frac{u'(x)}{u(x)}\right]$.

例 7　设 $y=x^{\sin x}(x>0)$,求 y'.

解　方法 1（对数求导法）

先对函数两边取自然对数，得

$$\ln y=\ln x^{\sin x}=\sin x\cdot\ln x$$

再将上式两边同时对 x 求导数，得

$$\frac{1}{y}\cdot y'=\cos x\cdot\ln x+\frac{\sin x}{x}$$

整理后得到

$$y'=x^{\sin x}\left(\cos x\cdot\ln x+\frac{\sin x}{x}\right)$$

方法 2（除了使用对数求导法计算幂指函数的导数，我们也可以将幂指函数等价变形为指数形式，然后运用复合函数的链式法则来求导数）

将幂指函数表示成指数形式，即 $y=x^{\sin x}=e^{\sin x\cdot\ln x}$，于是由链式法则得

$$y'=(e^{\sin x\cdot\ln x})'=e^{\sin x\cdot\ln x}(\sin x\cdot\ln x)'=e^{\sin x\cdot\ln x}\left(\cos x\cdot\ln x+\frac{\sin x}{x}\right)$$
$$=x^{\sin x}\left(\cos x\cdot\ln x+\frac{\sin x}{x}\right)$$

四、基本求导法则与公式

现在把前面得到的求导法则与基本初等函数的导数公式列出如下：

1. 基本求导法则

(1) $(u\pm v)'=u'\pm v'$；

(2) $(uv)'=u'v+uv'$，$(cu)'=cu'$（c 为常数）；

(3) $\left(\frac{u}{v}\right)'=\frac{u'v-uv'}{v^2}$，$\left(\frac{1}{v}\right)'=-\frac{v'}{v^2}$，其中 $v\neq0$.

2. 反函数导数：$\frac{dy}{dx}=\frac{1}{\frac{dx}{dy}}$

3. 复合函数导数：$\frac{dy}{dx}=\frac{dy}{du}\cdot\frac{du}{dx}$

4. 基本初等函数导数公式

(1) $(C)'=0$（C 为常数）；

(2) $(x^\alpha)'=\alpha x^{\alpha-1}$（$\alpha$ 为任意实数）；

(3) $(\sin x)'=\cos x$；

(4) $(\cos x)'=-\sin x$；

(5) $(\tan x)'=\sec^2 x$；

(6) $(\cot x)'=-\csc^2 x$；

(7) $(\sec x)'=\sec x\tan x$；

(8) $(\csc x)'=-\csc x\cot x$；

(9) $(a^x)'=a^x\ln a$，$a>0$ 且 $a\neq1$；　　(10) $(\mathrm{e}^x)'=\mathrm{e}^x$；

(11) $(\log_a x)'=\dfrac{1}{x\ln a}$，$a>0$ 且 $a\neq1$；　　(12) $(\ln|x|)'=\dfrac{1}{x}$，$x\neq0$；

(13) $(\arcsin x)'=\dfrac{1}{\sqrt{1-x^2}}$，$x\in(-1,1)$；

(14) $(\arccos x)'=-\dfrac{1}{\sqrt{1-x^2}}$，$x\in(-1,1)$；

(15) $(\arctan x)'=\dfrac{1}{1+x^2}$，$x\in(-\infty,+\infty)$；

(16) $(\mathrm{arccot}\,x)'=-\dfrac{1}{1+x^2}$，$x\in(-\infty,+\infty)$.

五、隐函数求导法

前面讨论的函数都是形如 $y=f(x)$的形式，我们称之为显函数．而如果自变量 x 与因变量 y 之间的函数关系是由方程 $F(x,y)=0$ 确定的，此时称由方程 $F(x,y)=0$ 确定了隐函数 $y=y(x)$. 有些隐函数可以化为显函数，但有些不能显化，那我们如何来求隐函数的导数？我们通过例题来说明这种方法．

例 8　求由方程 $\mathrm{e}^{x+y}-xy=0$ 确定的隐函数 $y=y(x)$的导数$\dfrac{\mathrm{d}y}{\mathrm{d}x}$.

分析　将方程中的 y 看成 x 的函数 $y=y(x)$，利用复合函数求异链式法则．

解　将方程两边同时对 x 求导数，得

$$\mathrm{e}^{x+y}(x+y)'-[(x)'y+xy']=0$$

即 $\mathrm{e}^{x+y}(1+y')-(y+xy')=0$，

整理后得到 $y'=\dfrac{y-\mathrm{e}^{x+y}}{\mathrm{e}^{x+y}-x}=\dfrac{y(1-x)}{x(y-1)}$，$x(y-1)\neq0$.

由例 8 可知，求隐函数的导数的方法是：将方程 $F(x,y)=0$ 看成恒等式 $F(x,y(x))\equiv0$，然后将等式两端对 x 求导，再将 y'表示成 x,y 的函数．

例 9　设 $y=y(x)$是由方程 $\sin(xy)+\ln(y-x)=x$ 确定的隐函数，求$\left.\dfrac{\mathrm{d}y}{\mathrm{d}x}\right|_{x=0}$.

解　将方程两边同时对 x 求导数，得

$$\cos(xy)(y+xy')+\frac{y'-1}{y-x}=1 \qquad (*)$$

由方程 $\sin(xy)+\ln(y-x)=x$ 可知，当 $x=0$ 时 $y=1$，所以将 $x=0,y=1$ 代入 (*)得$\left.\dfrac{\mathrm{d}y}{\mathrm{d}x}\right|_{x=0}=1$.

六、参变量函数的导数

在解析几何上，我们遇到过曲线的参数方程．例如，椭圆的参数方程为

$\begin{cases}x=a\cos t=\varphi(t)\\y=b\sin t=\psi(t)\end{cases}$ $(0\leqslant t\leqslant 2\pi)$，那么如何求$\dfrac{\mathrm{d}y}{\mathrm{d}x}$？

平面曲线C一般的表达形式是参变量方程$\begin{cases}x=\varphi(t)\\y=\psi(t)\end{cases}$ $(\alpha\leqslant t\leqslant\beta)$表示．

若$x=\varphi(t)$，$y=\psi(t)$都可导，且$\varphi'(t)\neq 0$，又$x=\varphi(t)$存在反函数$t=\varphi^{-1}(x)$，则y是x的复合函数，即$y=\psi(t)=\psi[\varphi^{-1}(x)]$，由复合函数和反函数的求导法则得到

$\dfrac{\mathrm{d}y}{\mathrm{d}x}=\dfrac{\mathrm{d}y}{\mathrm{d}t}\cdot\dfrac{\mathrm{d}t}{\mathrm{d}x}=\dfrac{\mathrm{d}y}{\mathrm{d}t}\cdot\dfrac{1}{\frac{\mathrm{d}x}{\mathrm{d}t}}=\dfrac{\frac{\mathrm{d}y}{\mathrm{d}t}}{\frac{\mathrm{d}x}{\mathrm{d}t}}=\dfrac{\psi'(t)}{\varphi'(t)}$，于是，得到了参数方程$\begin{cases}x=\varphi(t)\\y=\psi(t)\end{cases}$ $(\alpha\leqslant t\leqslant\beta)$的求导公式：$\dfrac{\mathrm{d}y}{\mathrm{d}x}=\dfrac{\frac{\mathrm{d}y}{\mathrm{d}t}}{\frac{\mathrm{d}x}{\mathrm{d}t}}=\dfrac{\psi'(t)}{\varphi'(t)}$.

例 10　试求由上半椭圆的参数方程$\begin{cases}x=a\cos t\\y=b\sin t\end{cases}$，$0<t<\pi$所确定的函数$y=y(x)$的导数．

解　$$\frac{\mathrm{d}y}{\mathrm{d}x}=\frac{\frac{\mathrm{d}y}{\mathrm{d}t}}{\frac{\mathrm{d}x}{\mathrm{d}t}}=\frac{(b\sin t)'}{(a\cos t)'}=\frac{b\cos t}{-a\sin t}=-\frac{b}{a}\cot t.$$

例 11　设$\begin{cases}x=t-\arctan t\\y=\ln(1+t^2)\end{cases}$，求$y'|_{t=1}$.

解　$$\frac{\mathrm{d}y}{\mathrm{d}x}=\frac{\frac{\mathrm{d}y}{\mathrm{d}t}}{\frac{\mathrm{d}x}{\mathrm{d}t}}=\frac{(\ln(1+t^2))'}{(t-\arctan t)'}=\frac{\frac{2t}{1+t^2}}{1-\frac{1}{1+t^2}}=\frac{2}{t}$$，故$y'|_{t=1}=2$.

第三节　高阶导数

设物体的运动方程为$s=s(t)$，则物体的运动速度为$v(t)=s'(t)$，而速度在时刻t_0的变化率$\lim\limits_{\Delta t\to 0}\dfrac{v(t_0+\Delta t)-v(t_0)}{\Delta t}=\lim\limits_{t\to t_0}\dfrac{v(t)-v(t_0)}{t-t_0}$就是运动物体在时刻$t_0$的加速度．因此，加速度是速度函数的导数，也就是路程$s(t)$导函数的异函数，这就产生了高阶导数的概念．

定义 1　若函数$f(x)$的导函数$f'(x)$在点x处可导，则称$f'(x)$在点x处的导数为$f(x)$在点x处的二阶导数，记作$f''(x)$，即$\lim\limits_{\Delta x\to 0}\dfrac{f'(x+\Delta x)-f'(x)}{\Delta x}=f''(x)$，同时称$f(x)$在点$x$处的二阶可导．

若 $f(x)$在区间 I 上每一点都二阶可导，则得到一个定义在 I 上的二阶可导函数，记作 $f''(x), x\in I$，或者简单记为 f''.

一般地，可由 $f(x)$的 $n-1$ 阶导函数定义 $f(x)$的 n 阶导函数（或简称 n 阶导数）.

二阶以及二阶以上的导数都称为高阶导数，函数 $f(x)$在点 x 处的 n 阶导数记作

$$f^{(n)}(x),\ y^{(n)},\ 或\quad \frac{d^n y}{dx^n}$$

这里$\frac{d^n y}{dx^n}$亦可写作为$\frac{d^n}{dx^n}y$，它是对 y 相继进行 n 次求导运算$\frac{d}{dx}$的结果.

例 1 设 $y=2x^3-x^2+3$，求 $y'', y''', y^{(4)}$.

解 由高阶导数定义得

$$y'=6x^2-2x,\ y''=12x-2,\ y'''=12,\ y^{(4)}=0$$

例 2 求下列函数的各阶导数.

（1）幂函数 $y=x^n$（n 为正整数）的 n 阶导数；

（2）正弦函数 $y=\sin x$ 的 n 阶导数；

（3）指数函数 $y=e^{ax}$，($a\neq 0$ 为常数)的 n 阶导数.

解 （1）由幂函数的求导公式得

$y'=nx^{n-1}$

$y''=(y')'=(nx^{n-1})'=n(n-1)x^{n-2}$

$y'''=(y'')'=[n(n-1)x^{n-2}]'=n(n-1)(n-2)x^{n-3}$

…

$y^{(k)}=n(n-1)\cdots(n-k+1)x^{n-k}$

…

$y^{(n-1)}=n(n-1)\cdots 2x$

$y^{(n)}=[y^{(n-1)}]'=[n(n-1)\cdots 2x]'=n!$

$y^{(n+1)}=y^{(n+2)}=\cdots=0$

注 对于正整数次幂的幂函数 x^n，每求导一次，其幂次降低 1，第 n 阶导数为一常数，大于 n 阶的导数都等于 0.

（2）对于 $y=\sin x$，由三角函数的求导公式得

$$y'=\cos x,\ y''=-\sin x,\ y'''=-\cos x,\ y^{(4)}=\sin x$$

继续求导，将出现周而复始的现象. 为了得到一般 n 阶导数公式，可将上述导数改写为

$y'=\cos x=\sin\left(x+\frac{\pi}{2}\right)$

$y''=\left[\sin\left(x+\frac{\pi}{2}\right)\right]'=\cos\left(x+\frac{\pi}{2}\right)=\sin\left(x+2\cdot\frac{\pi}{2}\right)$

$y'''=\left[\sin\left(x+2\cdot\frac{\pi}{2}\right)\right]'=\cos\left(x+2\cdot\frac{\pi}{2}\right)=\sin\left(x+3\cdot\frac{\pi}{2}\right)$

…

$y^{(n)}=\sin\left(x+n\cdot\frac{\pi}{2}\right)$

用类似的方法可求得

$$(\cos x)^{(n)}=\cos\left(x+n\cdot\frac{\pi}{2}\right)$$

（3）由指数函数的求导公式得

$y'=a\mathrm{e}^{ax}$

$y''=(y')'=(a\mathrm{e}^{ax})'=a\cdot a\mathrm{e}^{ax}=a^2\mathrm{e}^{ax}$

$y'''=(y'')'=(a^2\mathrm{e}^{ax})'=a\cdot a^2\mathrm{e}^{ax}=a^3\mathrm{e}^{ax}$

…

$y^{(n)}=[y^{(n-1)}]'=a^n e^{ax}$

注　指数函数 e^x 的各阶导数仍为 e^x.

这里，我们通过高阶导数的定义可以得到一些基本初等函数的任意阶导数公式．

1\. $(x^n)^{(k)}=\begin{cases}n(n-1)\cdots(n-k+1)x^{n-k}, & 0<k\leqslant n\\ 0, & k>n\end{cases}$，$n$，$k$ 均为正整数；

2\. $(\sin x)^{(n)}=\sin\left(x+n\cdot\frac{\pi}{2}\right)$，$(\cos x)^{(n)}=\cos\left(x+n\cdot\frac{\pi}{2}\right)$；

3\. $(\mathrm{e}^{ax})^{(n)}=a^n\mathrm{e}^{ax}$，$a\neq 0$ 为常数．

一阶导数的运算法则可直接推广到高阶导数，则有下列结论：

（1）$(u\pm v)^{(n)}=u^{(n)}\pm v^{(n)}$

（2）$(Cu)^{(n)}=Cu^{(n)}$（C 为常数）.

而对于乘法求导法较复杂一些．设 $y=uv$，则

$y'=(uv)'=u'v+uv'$

$y''=(u'v+uv')'=u''v+u'v'+u'v'+uv''=u''v+2u'v'+uv''$

$y'''=(u''v+2u'v'+uv'')'=u'''v+u''v'+2u''v'+2u'v''+u'v''+uv'''$

$\quad=u'''v+3u''v'+3u'v''+uv'''$

继续这个过程，可以看出，这些式子与二项式展开式

$$(a+b)^n=C_n^0a^n+C_n^1a^{n-1}b+C_n^2a^{n-2}b^2+\cdots+C_n^nb^n$$

极为相仿，由数学归纳法不难得到 $y^{(n)}=C_n^0u^{(n)}v+C_n^1u^{(n-1)}v'+\cdots+C_n^nuv^{(n)}$，即 $(uv)^{(n)}=\sum_{k=0}^{n}CV_n^ku^{(n-k)}v^{(k)}$，其中 $u^{(0)}=u,v^{(0)}=v$.

此式称为莱布尼茨公式．

例 3　设 $y=\mathrm{e}^x\cos x$，求 $y^{(5)}$.

解　令 $u(x)=\mathrm{e}^x$，$v(x)=\cos x$. 由例 2 有

$$u^{(n)}(x)=\mathrm{e}^x,\ v^{(n)}(x)=\cos\left(x+n\cdot\frac{\pi}{2}\right)$$

应用莱布尼茨公式($n=5$)得

$$y^{(5)}=\mathrm{e}^x\cos x+5\mathrm{e}^x\cos\left(x+\frac{\pi}{2}\right)+10\mathrm{e}^x\cos\left(x+2\cdot\frac{\pi}{2}\right)$$

$$+10e^x\cos\left(x+3\cdot\frac{\pi}{2}\right)+5e^x\cos\left(x+4\cdot\frac{\pi}{2}\right)+e^x\cos\left(x+5\cdot\frac{\pi}{2}\right)$$

$$=4e^x(\sin x-\cos x)$$

例 4 设由方程 $x^3+y^3-3xy=0$ 确定了隐函数 $y=y(x)$，求$\frac{d^2y}{dx^2}$.

解 将方程两边对 x 求导得

$$3x^2+3y^2y'-3(y+xy')=0 \quad (*)$$

整理得 $y'=\frac{x^2-y}{x-y^2}$.

将（*）式两边再对 x 求导得

$$6x+6y(y')^2+3y^2y''-3(y'+y'+xy'')=0$$

所以，$y''=\frac{2[y'-x-y(y')^2]}{y^2-x}$.

将 $y'=\frac{x^2-y}{x-y^2}$代入上式得，$y''=\frac{2xy(x^3+y^3-3xy+1)}{(x-y^2)^3}$.

由原方程进一步简化结果可得 $y''=\frac{2xy}{(x-y^2)^3}$.

设 $\varphi(t),\psi(t)$ 在$[\alpha,\beta]$上都是二阶可导，则由参数方程$\begin{cases}x=\varphi(t)\\y=\psi(t)\end{cases}$所确定的函数的一阶导数 $\frac{dy}{dx}=\frac{\psi'(t)}{\varphi'(t)}$，它的参数方程是$\begin{cases}x=\varphi(t),\\\frac{dy}{dx}=\frac{\psi'(t)}{\varphi'(t)}\end{cases}$，故得 $\frac{d^2y}{dx^2}=\frac{d}{dx}\left(\frac{dy}{dx}\right)=\frac{\frac{d}{dt}\left(\frac{\psi'}{\varphi'}\right)}{\frac{dx}{dt}}$

$$=\frac{\left(\frac{\psi'(t)}{\varphi'(t)}\right)'}{\varphi'(t)}=\frac{\psi''(t)\varphi'(t)-\psi'(t)\varphi''(t)}{[\varphi'(t)]^3}$$

例 5 试求由摆线参数方程

$$\begin{cases}x=a(t-\sin t)\\y=a(1-\cos t)\end{cases}$$

所确定的函数 $y=y(x)$的二阶导数.

解 由参数方程求导公式得

$$\frac{dy}{dx}=\frac{[a(1-\cos t)]'}{[a(t-\sin t)]'}=\frac{\sin t}{1-\cos t}=\cot\frac{t}{2}$$

再由参数方程二阶导数公式得

$$\frac{d^2y}{dx^2}=\frac{\left(\cot\frac{t}{2}\right)'}{[a(t-\sin t)]'}=\frac{-\frac{1}{2}\csc^2\frac{t}{2}}{a(1-\cos t)}=-\frac{1}{4a}\csc^4\frac{t}{2}$$

第四节　微　　分

一、微分的定义

1. 引例

先考察一个具体问题．设一边长为 x 的正方形，它的面积 $S=x^2$ 是 x 的函数，若边长由 x_0 增加 Δx，相应地正方形面积的增量

$$\Delta S=(x_0+\Delta x)^2-x_0^2=2x_0\Delta x+(\Delta x)^2$$

ΔS 由两部分组成：第一部分 $2x_0\Delta x$（如图 3-2 所示中的阴影部分）；第二部分 $(\Delta x)^2$ 是关于 Δx 的高阶无穷小量．

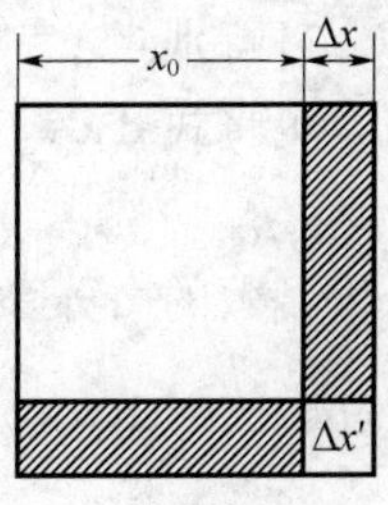

图 3-2

由此可见，当给 x_0 一个微小增量 Δx 时，由此引起的正方形面积增量 ΔS 可以近似地用第一部分（Δx 的线性部分 $2x_0\Delta x$）来代替．由此产生的误差是一个关于 Δx 的高阶无穷小量，也就是以 Δx 为边长的小正方形面积．

2. 定义

定义 1　设函数 $y=f(x)$ 在点 x_0 的某邻域 $U(x_0)$ 内有定义．当给 x_0 一个增量 Δx，$x_0+\Delta x\in U(x_0)$ 时，相应地得到函数的增量为 $\Delta y=f(x_0+\Delta x)-f(x_0)$．如果存在常数 A，使得 Δy 能表示成

$$\Delta y=A\Delta x+o(\Delta x) \tag{8}$$

则称函数 $f(x)$ 在点 x_0 处可微，并称式（8）中的第一项 $A\Delta x$ 为 $f(x)$ 在点 x_0 处的微分，记作 $\mathrm{d}y|_{x=x_0}=A\Delta x$ 或 $\mathrm{d}f(x)|_{x=x_0}=A\Delta x$.

由定义可见，函数的微分与增量仅相差一个关于 Δx 的高阶无穷小量，由于 $\mathrm{d}y$ 是 Δx 的线性函数，所以当 $A\neq 0$ 时，也说微分 $\mathrm{d}y$ 是增量 Δy 的线性主部．

容易看出，函数 $f(x)$ 在点 x_0 可导和可微是等价的．

3. 可微与可导的关系

定理 1　函数 $f(x)$ 在点 x_0 处可微的充要条件是函数 $f(x)$ 在点 x_0 处可导．

证　必要性　若 $f(x)$ 在点 x_0 处可微，则有

$$\Delta y=f(x_0+\Delta x)-f(x_0)=A\Delta x+o(\Delta x)$$

从而有

$$\frac{\Delta y}{\Delta x}=\frac{f(x_0+\Delta x)-f(x_0)}{\Delta x}=A+\frac{o(\Delta x)}{\Delta x}$$

令 $\Delta x\to 0$，由上式得

$$\lim_{\Delta x\to 0}\frac{\Delta y}{\Delta x}=\lim_{\Delta x\to 0}\frac{f(x_0+\Delta x)-f(x_0)}{\Delta x}=\lim_{\Delta x\to 0}\left[A+\frac{o(\Delta x)}{\Delta x}\right]=A$$

所以函数 $y=f(x)$ 在点 x_0 处可导，且有 $A=f'(x_0)$.

充分性　若 $f(x)$ 在点 x_0 处可导，则 $\lim\limits_{\Delta x\to 0}\dfrac{\Delta y}{\Delta x}=f'(x_0)$.

由极限存在与无穷小的关系可知，

$$\frac{\Delta y}{\Delta x}=f'(x_0)+\alpha$$

其中 α 是当 $\Delta x\to 0$ 时的无穷小，所以

$$\Delta y=f'(x_0)\Delta x+o(\Delta x)$$

由可微的定义知，$f(x)$在点 x_0 处可微，且有

$$\mathrm{d}y|_{x=x_0}=f'(x_0)\Delta x$$

注 若函数 $y=f(x)$在区间上每一点都可微，则称 $f(x)$为 I 上的可微函数．函数 $y=f(x)$在 I 上任一点 x 处的微分记作 $\mathrm{d}y=f'(x)\Delta x, x\in I$，它不仅依赖于 Δx，而且也依赖于 x.

特别当 $y=x$ 时，$\mathrm{d}y=\mathrm{d}x=\Delta x$，这表示自变量的微分 $\mathrm{d}x$ 就等于自变量的增量．于是可将式 $\mathrm{d}y=f'(x)\Delta x, x\in I$ 改写为

$$\mathrm{d}y=f'(x)\mathrm{d}x \tag{9}$$

即函数的微分等于函数的导数与自变量微分的积．例如 $\mathrm{d}(x^\alpha)=\alpha x^{\alpha-1}\mathrm{d}x$；$\mathrm{d}(\sin x)=\cos x\mathrm{d}x$；$\mathrm{d}(\ln x)=\frac{\mathrm{d}x}{x}$.

如果把 $\mathrm{d}y=f'(x)\Delta x, x\in I$ 式写成 $f'(x)=\frac{\mathrm{d}y}{\mathrm{d}x}$，那么函数的导数就等于函数微分与自变量微分的商．因此，导数也常称为微商．在这以前，我们总把$\frac{\mathrm{d}y}{\mathrm{d}x}$作为一个运算记号的整体来看待，有了微分概念之后，也不妨把它看作一个分式了．

4. 可微的几何意义

微分的几何解释：如图 3-3 所示，当自变量由 x_0 增加到 $x_0+\Delta x$ 时，函数增量 $\Delta y=f(x_0+\Delta x)-f(x_0)=RQ$，而微分则是在点 P 处的切线上与 Δx 所对应的增量 $\mathrm{d}y=f'(x_0)\Delta x=RQ'$，并且

$$\lim_{\Delta x\to 0}\frac{\Delta y-\mathrm{d}y}{\Delta x}=\lim_{\Delta x\to x_0}\frac{Q'Q}{\Delta x}=f'(x_0)\cdot\lim_{\Delta x\to 0}\frac{Q'Q}{RQ'}=0$$

所以当 $f'(x_0)\neq 0$ 时，$\lim\limits_{x\to x_0}\frac{Q'Q}{RQ'}=0$.

这表明当 $x\to x_0$ 时线段 $Q'Q$ 的长度比 RQ'的长度要小得多．

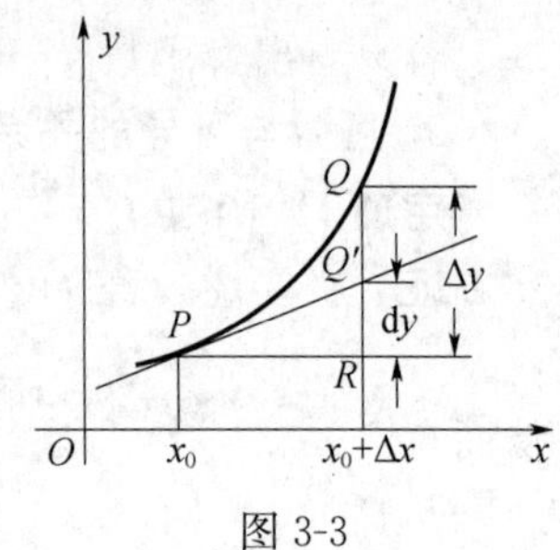

图 3-3

二、微分的运算法则

由导数与微分的关系，我们能立刻推出如下微分运算法则：

1. $\mathrm{d}[u(x)\pm v(x)]=\mathrm{d}u(x)\pm\mathrm{d}v(x)$；
2. $\mathrm{d}[u(x)v(x)]=v(x)\mathrm{d}u(x)+u(x)\mathrm{d}v(x)$；
3. $\mathrm{d}\left[\frac{u(x)}{v(x)}\right]=\frac{v(x)\mathrm{d}u(x)-u(x)\mathrm{d}v(x)}{v^2(x)}$，$v(x)\neq 0$；
4. $\mathrm{d}[f(g(x))]=f'(u)\cdot g'(x)\mathrm{d}x$，其中 $u=g(x)$.

在上述复合函数的微分运算法则 4 中，由于 $du=g'(x)dx$，所以它也可写作 $dy=f'(u)du$. 这与式（9）在形式上完全相同，即 $dy=f'(x)dx$ 不仅在 x 为自变量时成立，当 x 是另一可微函数的因变量时也成立．这个性质通常称为一阶微分形式的不变性．即无论 u 是自变量还是中间变量，函数 $y=f(u)$ 的微分总保持同一个形式 $dy=f'(u)du$，这一性质称为一阶微分形式的不变性．

例 1　求 $y=x^2\ln x+\cos x^2$ 的微分．

解　$$\begin{aligned}dy&=d(x^2\ln x+\cos x^2)=d(x^2\ln x)+d(\cos x^2)\\&=\ln x\,d(x^2)+x^2d(\ln x)-\sin x^2d(x^2)\\&=x(2\ln x+1-2\sin x^2)dx\end{aligned}$$

例 2　求 $y=e^{\sin(ax+b)}$ 的微分．

解　由一阶微分形式不变性，可得

$$\begin{aligned}dy&=e^{\sin(ax+b)}d[\sin(ax+b)]\\&=e^{\sin(ax+b)}\cos(ax+b)d(ax+b)\\&=ae^{\sin(ax+b)}\cos(ax+b)dx\end{aligned}$$

例 3　求由方程 $e^{x+y}-xy=0$ 确定的隐函数 $y=y(x)$ 的微分 dy.

解　将方程两边同时对取微分，得

$$e^{x+y}d(x+y)-(ydx+xdy)=0$$

即
$$e^{x+y}(dx+dy)-(ydx+xdy)=0$$

整理后得到
$$dy=\frac{y-e^{x+y}}{e^{x+y}-x}dx=\frac{y(1-x)}{x(y-1)}dx,\ x(y-1)\neq0$$

三、微分在近似计算中的应用

微分在数学中有许多重要的应用．这里介绍它在近似计算方面的一些应用．

1. 函数的近似计算

由函数增量与微分关系

$$\Delta y=f'(x_0)\Delta x+o(\Delta x)=dy+o(\Delta x)$$

当 $|\Delta x|$ 很小时，有 $\Delta y\approx dy$，由此即得

$$f(x_0+\Delta x)\approx f(x_0)+f'(x_0)\Delta x \tag{10}$$

或当 $x\approx x_0$ 时有

$$f(x)\approx f(x_0)+f'(x_0)(x-x_0) \tag{11}$$

注　由于在点 $(x_0,f(x_0))$ 处的切线方程为 $y=f(x_0)+f'(x_0)(x-x_0)$，从而式（11）的几何意义就是：当 x 充分接近 x_0 时，可用切线近似替代曲线（“以直代曲”）．我们常用这种线性近似的思想来对复杂问题进行简化处理．

一般地，为求得 $f(x)$ 的近似值，可找一邻近于 x 的点 x_0，只要 $f(x_0)$ 和 $f'(x_0)$ 易于计算，由式（11）可求得 $f(x)$ 的近似值．

例 4　求 $\sin 33°$的近似值．

解　由于 $\sin 33° = \sin\left(\frac{\pi}{6}+\frac{\pi}{60}\right)$，因此取 $f(x)=\sin x$，$x_0=\frac{\pi}{6}$，$\Delta x=\frac{\pi}{60}$，由式（11）得到

$$\sin 33° \approx \sin\frac{\pi}{6}+\cos\frac{\pi}{6}\cdot\frac{\pi}{60}$$

$$=\frac{1}{2}+\frac{\sqrt{3}}{2}\cdot\frac{\pi}{60}\approx 0.545$$

（$\sin 33°$的真值为 0.544639…）．

2. 误差估计

设量 x 是由测量得到，量 y 由函数 $y=f(x)$经过计算得到．在测量时，由于存在测量误差，实际测得的只是 x 的某一近似值 x_0，因此由 x_0 算得的 $y_0=f(x_0)$也只是 $y=f(x)$的一个近似值．若已知测量值 x_0 的误差限为 δ_x（它与测量工具的精度有关），即

$$|\Delta x|=|x-x_0|\leqslant\delta_x$$

则当 δ_x 很小时

$$|\Delta y|=|f(x)-f(x_0)|\approx|f'(x_0)\Delta x|\leqslant|f'(x_0)|\delta_x \tag{12}$$

$$\delta_y=|f'(x_0)|\delta_x$$

称 δ_y 为绝对误差限．
而相对误差限则为

$$\frac{\delta_y}{|y_0|}=\left|\frac{f'(x_0)}{f(x_0)}\right|\delta_x \tag{13}$$

例 5　设测得一球体的直径为 42cm，测量工具的精度为 0.05cm. 试求以此直径计算球体体积时所引起的误差．

解　由直径 d 计算球体体积的函数式为

$$V=\frac{1}{6}\pi d^3$$

取 $d_0=42$，$\delta_d=0.05$，求得

$$V_0=\frac{1}{6}\pi d_0^3\approx 38792.39\ \text{cm}^3$$

并由式（12），式（13）得体积的绝对误差限和相对误差限分别为

$$\delta_v=\left|\frac{1}{2}\pi d_0^2\right|\cdot\delta_d=\frac{\pi}{2}\cdot 42^2\cdot 0.05\approx 138.54\ \text{cm}^3$$

$$\frac{\delta_v}{|V_0|}=\frac{\frac{1}{2}\pi d_0^2}{\frac{1}{6}\pi d_0^3}\cdot\delta_d=\frac{3}{d_0}\delta_d\approx 3.57‰$$

习　题　三

(A)

1. 用导数定义求下列函数的导数.

(1) $y=\sqrt{x}$；　　(2) $y=\cos x$.

2. 设函数 $f(x)$在点 x_0 处可导，求下列极限.

(1) $\lim\limits_{\Delta x\to 0}\dfrac{f(x_0+3\Delta x)-f(x_0)}{\Delta x}$；

(2) $\lim\limits_{\Delta x\to 0}\dfrac{f(x_0-\Delta x)-f(x_0-2\Delta x)}{\Delta x}$；

(3) $\lim\limits_{\Delta x\to 0}\dfrac{f[x_0-3(\Delta x)^2]-f(x_0)}{\sin^2\Delta x}$.

3. 函数 $f(x)$在点 $x=0$ 处可导，且 $f(0)=0$，求下列极限.

(1) $\lim\limits_{x\to 0}\dfrac{f(x)}{x}$；　　(2) $\lim\limits_{x\to 0}\dfrac{f(ax)}{x}$，$a$ 为任意实数；

(3) $\lim\limits_{x\to 0}\dfrac{f(ax)}{a}$，$a\neq 0$ 为常数；　　(4) $\lim\limits_{x\to 0}\dfrac{f(ax)-f(-ax)}{x}$.

4. 设函数 $f(x)=\begin{cases}x^3, & x<0\\ x^2, & x\geqslant 0\end{cases}$，求导数 $f'(x)$.

5. 求曲线 $y=\ln x$ 在点$(e,1)$处的切线与法线方程.

6. 讨论下列函数在分段点处的连续性与可导性.

(1) $f(x)=\begin{cases}1+x, & x<0\\ 1-x, & x\geqslant 0\end{cases}$；　　(2) $f(x)=\begin{cases}\dfrac{1}{3}x^3, & x\leqslant 0\\ x, & x>0\end{cases}$；

(3) $f(x)=\begin{cases}x\sin\dfrac{1}{x}, & x\neq 0\\ 0, & x=0\end{cases}$.

7. 确定常数 a,b，使函数 $f(x)=\begin{cases}ax+b\sqrt{x}, & x>1\\ x^2, & x\leqslant 1\end{cases}$有连续的导数.

8. 求下列函数的导数.

(1) $y=x^5-x^3+x-9$；　　(2) $y=2\sqrt{x}-\dfrac{1}{x}+\sqrt{5}$；

(3) $y=\dfrac{x^2-1}{x^2+1}$；　　(4) $y=x^2\ln x$；

(5) $y=x\sec x-\tan x$；　　(6) $y=\dfrac{1-\sin x}{1+\cos x}$；

(7) $y=\dfrac{1}{\csc x+\cot x}$；　　(8) $y=e^x\arctan x$.

9. 求下列函数的导数．

（1）$y=e^{-x}\tan 3x$；　　（2）$y=\sin(2^x)$；

（3）$y=e^{\tan\frac{1}{x}}$；　　（4）$y=\sin^2 x\cdot\sin(x^2)$；

（5）$y=\sqrt{x+\sqrt{x}}$；　　（6）$y=x\arcsin\dfrac{x}{2}+\sqrt{4-x^2}$．

10. 用对数求导法求下列函数的导数．

（1）$y=\sqrt{\dfrac{x-1}{(x+1)(x+2)}}$；　　（2）$y=x^x$，$x>0$；

（3）$y=\left(1+\dfrac{1}{x}\right)^x$；　　（4）$y=(\sin x)^{\cos x}$，$x\in\left(0,\dfrac{\pi}{2}\right)$．

11. 求下列隐函数的导数．

（1）$y^3-3y+2x=0$；　　（2）$2^x+2y=2^{x+y}$；

（3）$x+2\sqrt{x-y}+4y=2$；　　（4）$\sin(xy)=x$．

12. 求下列参变量函数的导数$\dfrac{dy}{dx}$．

（1）$\begin{cases}x=\dfrac{1}{t+1}\\ y=\left(\dfrac{t}{t+1}\right)^2\end{cases}$；　　（2）$\begin{cases}x=3e^{-t}\\ y=2e^t\end{cases}$．

13. 求下列函数的高阶导数．

（1）$y=x^2\sin x$，求 y''．

（2）$y=e^{-x^2}$，求 y''．

（3）$y=\ln(x+\sqrt{1+x^2})$，求 y''．

14. 在下列括号内填上适当的函数．

（1）d(　　　　)$=\sqrt{x}\,dx$；　　（2）d(　　　　)$=e^{-2x}dx$；

（3）d(　　　　)$=\dfrac{1}{2x^2}dx$；　　（4）d(　　　　)$=\cos(2x)dx$．

15. 求下列函数的微分．

（1）$y=\tan^2 x$；　　（2）$y=e^{2x}\sin^2 x$；

（3）$y=\arcsin\sqrt{x}$；　　（4）$y=\ln\sqrt{1-x^2}$．

16. 求由下列方程确定的隐函数 $y=y(x)$的微分 dy.

（1）$y=1+xe^y$；　　（2）$y=x+\dfrac{1}{2}\sin y$；

（3）$\dfrac{x^2}{a^2}+\dfrac{y^2}{b^2}=1$；　　（4）$y^2=x+\arccos y$.

17. 利用微分求下列各数的近似值．

（1）$e^{1.01}$；　　（2）$\ln 0.998$；

（3）$\sin 29°$；　　（4）$\sqrt[3]{8.1}$．

(B)

1. 已知 $f(x)$,$g(x)$在 R 上有定义，若 $f(x)=1+xg(x)$，$\lim\limits_{x\to 0}g(x)=-\dfrac{1}{2}$，则 $f(x)$在点 $x=0$ 处的导数 $f'(0)=$________.

2. 已知 $f(3)=2$，$f'(3)=-2$，则 $\lim\limits_{x\to 3}\dfrac{2x-3f(x)}{x-3}=$________.

3. 如果曲线 $y=x^3+x-10$ 的某一条切线与直线 $y=4x+3$ 平行，求该切线方程.

4. 确定常数 a,b，使函数 $f(x)=\begin{cases}a\ln x, & x\geqslant 1\\ x-1+b, & x<1\end{cases}$ 在 $x=1$ 处可导.

5. 讨论函数 $f(x)=\begin{cases}x^n\sin\dfrac{1}{x}, & x\neq 0\\ 0, & x=0\end{cases}$ 在 $x=0$ 处的连续性与可导性，其中 n 为正整数.

6. 求下列函数的导数.

(1) $y=\sqrt{x\sqrt{x\sqrt{x}}}$；

(2) $y=\sin x\cos x\cos 2x\cos 4x$；

(3) $y=\ln\sqrt{\dfrac{1-\cos 2x}{x^2}}$；

(4) $y=\dfrac{\cos 2x}{\sin x+\cos x}$.

7. 设 $f(x)$ 可导，求下列函数的导数.

(1) $y=f^2(x)$；

(2) $y=\mathrm{e}^{f(x)}$；

(3) $y=\ln[1+f^2(x)]$；

(4) $y=\arcsin[f(x)]$.

8. 证明：

(1) 可导的偶函数，其导函数为奇函数；

(2) 可导的奇函数，其导函数为偶函数.

9. 求曲线 $\arctan\dfrac{y}{x}=\ln\sqrt{x^2+y^2}$ 在点(1,0)处的切线方程.

10. 求下列函数的高阶导数.

(1) $y=x^3\mathrm{e}^x$，求 $y^{(10)}$.

(2) $y=\sin^2 x$，n 为任意正整数，求 $y^{(n)}$.

11. 设 $y=f(x+y)$，其中 f 具有二阶导数，且其一阶导数不为 1，求$\dfrac{\mathrm{d}^2y}{\mathrm{d}x^2}$.

第四章　微分中值定理与导数的应用

在极限理论基础上，我们分析了实际问题中因变量相对于自变量变化的快慢，引出了导数的概念，并给出了其计算方法．利用导数可以讨论函数的许多性质，但是要对函数进行深入的研究，只利用导数是远远不够的．本章先将建立一系列的微分中值定理，它是微分学的理论基础，然后在微分中值定理的基础上我们介绍一种求极限的方法——洛必达法则．最后，以微分学基本定理——微分中值定理为基础，进一步介绍利用导数研究函数的性态．例如判断函数的单调性和凹凸性，求函数的极限、极值、最大（小）值以及函数作图的方法，并利用这些知识解决一些实际问题．

第一节　微分中值定理

一、罗尔定理

定理 1（罗尔 Rolle 定理）　如果函数 $f(x)$满足：

（1）在闭区间$[a,b]$上连续，

（2）在开区间(a,b)内可导，

（3）$f(a)=f(b)$，

则在(a,b)内至少存在一点 ξ，使得 $f'(\xi)=0$.

罗尔定理的几何意义是：函数 $y=f(x)(a\leqslant x\leqslant b)$的图形是一条连续曲线段$\overset{\frown}{ACB}$，该曲线段上除端点外处处具有不垂直于 x 轴的切线且直线段$\overline{AB}$平行于 x 轴，则在曲线段上至少存在一点 $C(\xi,f(\xi))$，在该点曲线具有水平切线，从而在点 C 的斜率平行于直线段$\overline{AB}$的斜率（图 4-1）.

证　因为 $f(x)$在$[a,b]$上连续，所以 $f(x)$在$[a,b]$上必取得最大值 M 和最小值 m.

（1）如果 $M=m$，则 $f(x)$在$[a,b]$上必为常量 M. 所以，$\forall x\in(a,b)$，都有 $f'(x)=0$. 因此，任取 $\xi\in(a,b)$，有 $f'(\xi)=0$.

（2）若 $M\neq m$，因为 $f(a)=f(b)$，所以 M 和 m 中至少有一个不等于端点的函数值．不妨设 $M\neq f(a)=f(b)$，那么最大值 M 必然在(a,b)内达到，设该点为 ξ，即 $f(\xi)=M$，下面证明 $f'(\xi)=0$.

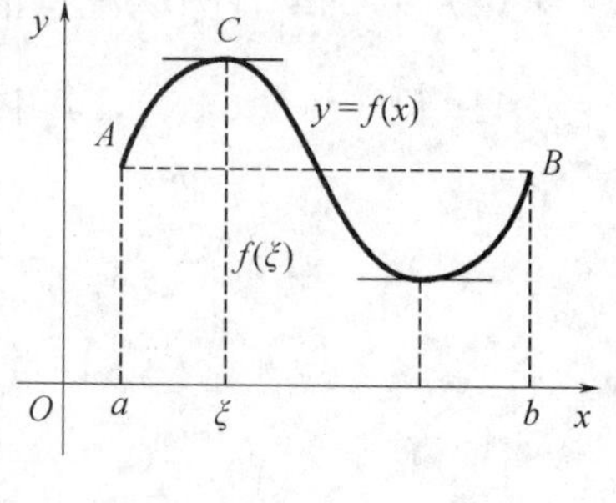

图 4-1

因为 $f(\xi)=M$ 是最大值，所以不论 Δx 是大于零还是小于零都有 $f(\xi+\Delta x)\leqslant f(\xi)$，

即 $f(\xi+\Delta x)-f(\xi)\leqslant 0$

当 $\Delta x>0$ 时，有$\dfrac{f(\xi+\Delta x)-f(\xi)}{\Delta x}\leqslant 0$，所以 $\lim\limits_{\Delta x\to 0^+}\dfrac{f(\xi+\Delta x)-f(\xi)}{\Delta x}\leqslant 0$

又 $f(x)$在 $x=\xi$ 处可导，故 $f'_+(\xi)=\lim\limits_{\Delta x\to 0^+}\dfrac{f(\xi+\Delta x)-f(\xi)}{\Delta x}\leqslant 0$

同理，当 $\Delta x<0$ 时，有$\dfrac{f(\xi+\Delta x)-f(\xi)}{\Delta x}\geqslant 0$

于是 $f'_-(\xi)=\lim\limits_{\Delta x\to 0}\dfrac{f(\xi+\Delta x)-f(\xi)}{\Delta x}\geqslant 0$. 从而必有 $f'(\xi)=0$.

例 1　验证罗尔定理对函数 $f(x)=1-x^2$ 在区间$[-1,1]$上的正确性.

解　显然函数 $f(x)=1-x^2$ 在$[-1,1]$上满足罗尔定理的三个条件，由 $f'(x)=-2x$，可知 $f'(0)=0$，因此存在 $\xi=0\in(-1,1)$，使 $f'(0)=0$.

注　(1) 罗尔定理中的三个条件缺少任何一个，定理的结论将不一定成立.

(2) 罗尔定理中的三个条件是结论成立的充分而非必要条件.

例如，$f(x)=\sin x\left(0\leqslant x\leqslant\dfrac{3\pi}{2}\right)$在区间$\left[0,\dfrac{3\pi}{2}\right]$上连续，在$\left(0,\dfrac{3\pi}{2}\right)$内可导，但$f(0)\neq f\left(\dfrac{3\pi}{2}\right)=-1$，而此时仍存在 $\xi=\dfrac{\pi}{2}\in\left(0,\dfrac{3\pi}{2}\right)$，使 $f'(\xi)=\cos\dfrac{\pi}{2}=0$(图 4-2).

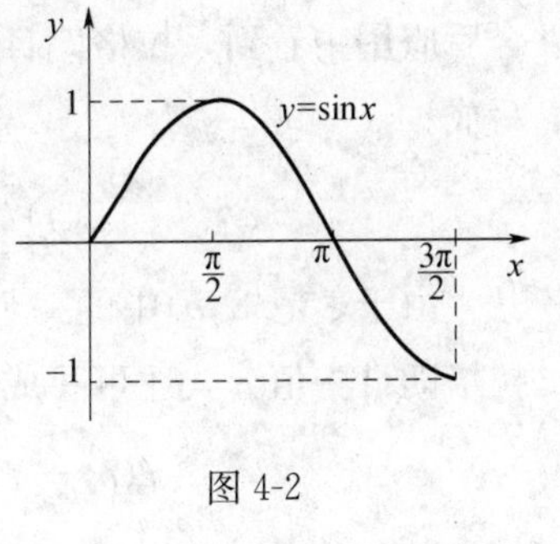

图 4-2

例 2　如果方程 $ax^3+bx^2+cx=0$ 有正根 x_0，证明方程 $3ax^2+2bx+c=0$ 至少有一个小于 x_0 正根.

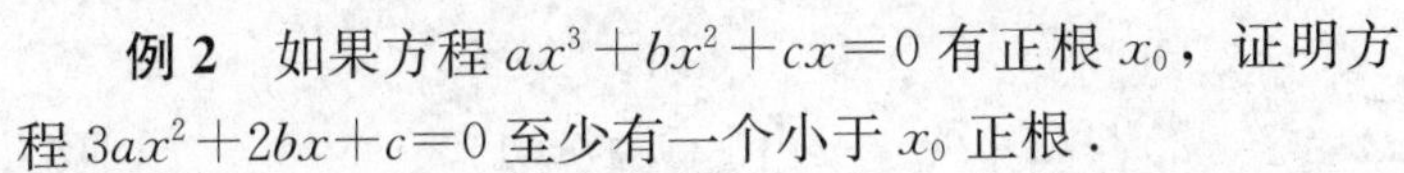

证　令 $f(x)=ax^3+bx^2+cx$，则 $f'(x)=3ax^2+2bx+c$，因为 $f(x)$在区间$[0,x_0]$上连续，在区间$(0,x_0)$内可导，$f(0)=f(x_0)=0$. 故由罗尔中值定理知，在$(0,x_0)$上至少有一点 ξ，使得

$$f'(\xi)=3a\xi^2+2b\xi+c=0$$

因此，方程 $3ax^2+2bx+c=0$ 至少有一个小于 x_0 正根.

由该例题可见，罗尔定理可以用来判定方程实根的存在性.

二、拉格朗日中值定理

如果将曲线度$\overset{\frown}{ACB}$（图 4-1）按逆时针旋转一个角度，会得到什么结论呢？由图 4-3 可以看出旋转过图形上的连续曲线段$\overset{\frown}{ACB}$在点 C 处的切线 l 仍平行于直线段 AB，但 $f(a)\neq f(b)$，从而我们发现只需将罗尔中值定理中的第三个条件去掉就可以得到拉格朗日中值定理.

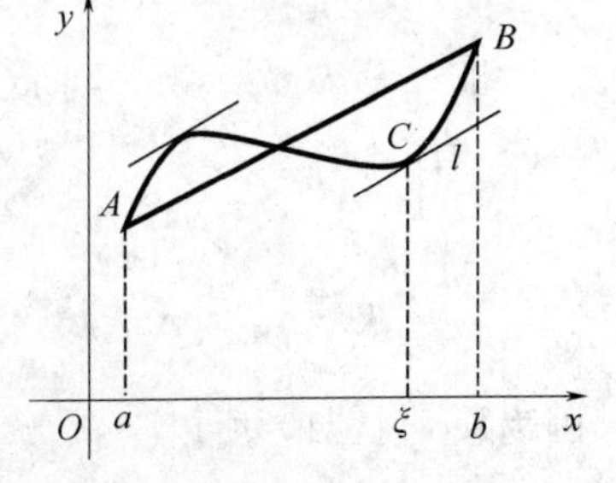

图 4-3

定理 2（拉格朗日 Langrange 定理）　如果函数$y=f(x)$满足：

(1) 在$[a,b]$上连续，

(2) 在(a,b)内可导，

则至少存在一点 $\xi\in(a,b)$，使得

$$f'(\xi)=\frac{f(b)-f(a)}{b-a} \tag{1}$$

证 作辅助函数 $$F(x)=f(x)-\frac{f(b)-f(a)}{b-a}x$$

由假设条件可知 $F(x)$ 在 $[a,b]$ 上连续，在 (a,b) 内可导，且 $F(a)=f(a)-\frac{f(b)-f(a)}{b-a}a$，$F(b)=f(b)-\frac{f(b)-f(a)}{b-a}b$，$F(b)-F(a)=0$，即 $F(a)=F(b)$. 于是 $F(x)$ 满足罗尔定理的条件，故至少存在一点 $\xi\in(a,b)$，使得 $F'(\xi)=0$，即 $F'(\xi)=f'(\xi)-\frac{f(b)-f(a)}{b-a}=0$，因此得 $f'(\xi)=\frac{f(b)-f(a)}{b-a}$.

由定理的结论我们可以看到，拉格朗日中值定理是罗尔定理的推广，它建立了增量比和导数间的关系，对于导数研究函数起着桥梁作用，且其应用十分广泛，读者将会在今后应用中看到，拉格朗日中值定理中的公式（1）称为拉格朗日中值公式，它也可以写成

$$f(b)-f(a)=f'(\xi)(b-a),\ (a<\xi<b) \tag{2}$$

由于 ξ 是 (a,b) 中的一个点，故可表示为 $\xi=a+\theta(b-a)\quad(0<\theta<1)$ 的形式. 因此拉格朗日中值公式还可写成

$$f(b)-f(a)=(b-a)f'[a+\theta(b-a)],\ (0<\theta<1) \tag{3}$$

若我们把 a 与 b 分别换成 x 与 $x+\Delta x$，则 $b-a=\Delta x$，于是，拉格朗日中值公式就写成

$$f(x+\Delta x)-f(x)=f'(x+\theta\Delta x)\cdot\Delta x,\quad (0<\theta<1) \tag{4}$$

我们也称公式（4）为有限增量公式.

要注意的是，在公式（2）中，无论 $a<b$ 或 $a>b$，公式总是成立的，其中 ξ 是介于 a 与 b 之间的某个数. 同样地，公式（4）无论 $\Delta x>0$ 或者 $\Delta x<0$ 都是成立的.

例 3 证明不等式

$$|\sin x-\sin y|\leqslant|x-y|$$

证 设 $f(t)=\sin t$. 则 $f(t)$ 在 $(-\infty,+\infty)$ 上连续可导，所以对任意的 $x,y\in(-\infty,+\infty)$ 有

$$f(x)-f(y)=f'(\xi)\cdot(x-y),\ (\xi\text{在}x,y\text{之间})$$

即 $$\sin x-\sin y=\cos\xi\cdot(x-y)$$

因为 $|\cos\xi|\leqslant1$，所以

$$|\sin x-\sin y|=|\cos\xi\cdot(x-y)|\leqslant|x-y|$$

例 4　设 $f(x)$在$[a,b]$上连续，在(a,b)内可导，且 $f'(x)>0, x\in(a,b)$，试证 $f(x)$在$[a,b]$上严格单调递增．

证　任取 $x_1,x_2\in[a,b]$，不妨设 $x_1<x_2$，则由公式（2）可得

$$f(x_2)-f(x_1)=f'(\xi)(x_2-x_1),\ (x_1<\xi<x_2)$$

由于 $f'(x)>0$，$x\in(a,b)$，因此 $f'(\xi)>0$，从而

$$f(x_2)>f(x_1)$$

由 x_1,x_2 的任意性知道 $f(x)$在$[a,b]$上严格单调递增．

类似地可以证明：若 $f'(x)<0$，则 $f(x)$在$[a,b]$上严格单调递减．

例 5　对一切 $x>0$，证明不等式

$$\frac{x}{1+x}<\ln(1+x)<x$$

成立．

证　由于 $f(x)=\ln(1+x)$在$[0,+\infty)$上连续、可导，对任何 $x>0$，在$[0,x]$上满足拉格朗日中值定理的条件，根据定理，可得

$$f(x)-f(0)=f'(\xi)(x-0),\ 0<\xi<x$$

$$\ln(1+x)=\frac{x}{1+\xi},\ 0<\xi<x$$

由于$\frac{x}{1+x}<\frac{x}{1+\xi}<x$，因此当 $x>0$ 时，有

$$\frac{x}{1+x}<\ln(1+x)<x$$

由拉格朗日中值定理可得到在微分学中很有用的两个推论．

推论 1　如果 $f(x)$在开区间(a,b)内可导，且 $f'(x)=0$，则在(a,b)内，$f(x)$恒为一个常数．

它的几何意义是斜率处处为零的曲线一定是一条平行于 x 轴的直线．

证　在(a,b)内任取两点 x_1,x_2，不妨设 $x_1<x_2$，显然 $f(x)$在$[x_1,x_2]$上满足拉格朗日中值定理的条件，于是 $f(x_2)-f(x_1)=f'(\xi)(x_2-x_1)$，$(x_1<\xi<x_2)$．因为 $f'(x)=0$，所以 $f'(\xi)=0$，从而 $f(x_2)=f(x_1)$．

这说明区间内任意两点的函数值相等，从而证明了在(a,b)内函数 $f(x)$是一个常数．

例 6　证明 $\arcsin x+\arccos x=\frac{\pi}{2}$，$|x|\leqslant1$.

证　设 $f(x)=\arcsin x+\arccos x$，$|x|\leqslant1$.

当$|x|<1$ 时，有 $f'(x)=\frac{1}{\sqrt{1-x^2}}-\frac{1}{\sqrt{1-x^2}}=0$，由推论 1 知，$f(x)$在$(-1,1)$上恒为常数，即 $f(x)=C$，C 为常数，$x\in(-1,1)$．将 $x=0$ 代入上式，得 $C=\frac{\pi}{2}$.

因此，当$|x|<1$时，有 $\arcsin x+\arccos x=\frac{\pi}{2}$. 显然，当$|x|=1$时 $f(x)=\frac{\pi}{2}$.

故当$|x|\leqslant 1$时，有 $\arcsin x+\arccos x=\frac{\pi}{2}$.

推论 2 若 $f(x)$及 $g(x)$在(a,b)内可导，且对任意 $x\in(a,b)$，有 $f'(x)=g'(x)$，则在(a,b)内，$f(x)=g(x)+C$ （C 为常数）.

证 因$[f(x)-g(x)]'=f'(x)-g'(x)=0$，由推论 1，有 $f(x)-g(x)=C$,即

$$f(x)=g(x)+C,\ x\in(a,b)$$

三、柯西中值定理

拉格朗日中值定理还可以进一步推广.

定理 3（柯西中值定理） 若函数 $f(x)$和 $g(x)$满足以下条件：

(1) 在$[a,b]$上连续；

(2) 在(a,b)内可导，且 $g'(x)\neq 0$，那么在(a,b)内至少存在一点 ξ，使得

$$\frac{f(b)-f(a)}{g(b)-g(a)}=\frac{f'(\xi)}{g'(\xi)}\quad (a<\xi<b) \tag{5}$$

与拉格朗日中值定理的证明类似，只要对函数

$$F(x)=g(x)[f(b)-f(a)]-f(x)[g(b)-g(a)]$$

在区间$[a,b]$上应用罗尔中值定理即可证明.

特别地，若取 $g(x)=x$，则 $g(b)-g(a)=b-a$，$g'(\xi)=1$，式（5）就成了式（1），这就是拉格朗日中值定理. 可见，柯西中值定理是拉格朗日中值定理的推广，拉格朗日中值定理则是柯西中值定理的特殊情形.

第二节　洛必达法则

在第二章学习极限的过程中，常常遇到在某一极限过程中，$f(x)$和 $g(x)$都是无穷小量或都是无穷大量时，求$\frac{f(x)}{g(x)}$的极限，我们知道此时的极限往往很难求得，其结果可能是零，可能是不为零的常数，也可能不存在. 通常称这种极限为未定式（或待定型），并分别简记为$\frac{0}{0}$或$\frac{\infty}{\infty}$. 本节借助于洛必达（L′HoPital）法则这个重要工具来处理未定式极限. 它是计算$\frac{0}{0}$型、$\frac{\infty}{\infty}$型极限的简单而有效的法则，该法则的理论依据是柯西中值定理.

一、$\frac{0}{0}$型未定式

定理 1 设函数 $f(x)$、$g(x)$满足下列条件：

(1) $\lim\limits_{x\to x_0} f(x)=0$，$\lim\limits_{x\to x_0} g(x)=0$；

(2) $f(x)$、$g(x)$在$\mathring{U}(x_0)$内可导，且$g'(x)\neq 0$；

(3) $\lim\limits_{x\to x_0}\dfrac{f'(x)}{g'(x)}$存在(或为$\infty$).

则

$$\lim_{x\to x_0}\frac{f(x)}{g(x)}=\lim_{x\to x_0}\frac{f'(x)}{g'(x)}$$

证　由于函数在x_0点的极限与函数在该点的定义无关，由条件（1），我们不妨设$f(x_0)=0, g(x_0)=0$. 由条件（1）和（2）知$f(x)$与$g(x)$在$U(x_0)$内连续. 设$x\in\mathring{U}(x_0)$，则$f(x)$与$g(x)$在$[x_0,x]$或$[x,x_0]$上满足柯西定理的条件，于是

$$\frac{f(x)}{g(x)}=\frac{f(x)-f(x_0)}{g(x)-g(x_0)}=\frac{f'(\xi)}{g'(\xi)}, \qquad (\xi\text{在}x_0\text{与}x\text{之间})$$

当$x\to x_0$时，显然有$\xi\to x_0$，由条件（3）得

$$\lim_{x\to x_0}\frac{f(x)}{g(x)}=\lim_{\xi\to x_0}\frac{f'(\xi)}{g'(\xi)}=\lim_{x\to x_0}\frac{f'(x)}{g'(x)}$$

注　(1) 若将定理条件（2）中的$x\to x_0$换成$x\to x_0^-, x\to x_0^+$，只要相应地修改条件（2）中的邻域，可得同样的结论；

(2) 如果$\lim\limits_{x\to x_0}\dfrac{f'(x)}{g'(x)}$仍为$\dfrac{0}{0}$型未定式，且$f'(x)$，$g'(x)$满足定理条件，则可继续使用洛必达法则；

(3) 洛必达法则仅适用于未定式求极限，运用洛必达法则时，要验证定理的条件，当$\lim\limits_{x\to x_0}\dfrac{f'(x)}{g'(x)}$既不存在也不为$\infty$时，不能运用洛必达法则.

例1　求$\lim\limits_{x\to 0}\dfrac{e^x-1-x}{x^2}$.

解　该极限属于$\dfrac{0}{0}$型未定式.

$$\lim_{x\to 0}\frac{e^x-1-x}{x^2}=\lim_{x\to 0}\frac{e^x-1}{2x}=\lim_{x\to 0}\frac{e^x}{2}=\frac{1}{2}$$

例2　求$\lim\limits_{x\to 0}\dfrac{\sin^2 x-x\sin x\cos x}{x^4}$.

解　它是$\dfrac{0}{0}$型未定式，如果直接运用洛必达法则，分子的导数比较复杂，但如果利用极限运算法则进行适当化简，再用洛必达法则就简单多了.

$$\lim_{x\to 0}\frac{\sin^2 x-x\sin x\cos x}{x^4}=\lim_{x\to 0}\frac{\sin x-x\cos x}{x^3}\cdot\lim_{x\to 0}\frac{\sin x}{x}=\lim_{x\to 0}\frac{\sin x-x\cos x}{x^3}$$

$$=\lim_{x\to 0}\frac{\cos x-\cos x+x\sin x}{3x^2}=\lim_{x\to 0}\frac{\sin x}{3x}=\frac{1}{3}$$

例 3 求 $\lim\limits_{x\to 0}\dfrac{x^2\sin\frac{1}{x}}{\sin x}$.

解 它是$\frac{0}{0}$型未定式，这时若对分子分母分别求导再求极限，得

$$\lim_{x\to 0}\frac{x^2\sin\frac{1}{x}}{\sin x}=\lim_{x\to 0}\frac{2x\sin\frac{1}{x}-\cos\frac{1}{x}}{\cos x}$$

上式右端的极限不存在且不为∞，所以洛必达法则失效．事实上可以求得

$$\lim_{x\to 0}\frac{x^2\sin\frac{1}{x}}{\sin x}=\lim_{x\to 0}\left(\frac{x}{\sin x}\cdot x\cdot\sin\frac{1}{x}\right)=\lim_{x\to 0}\frac{x}{\sin x}\cdot\lim_{x\to 0}\left(x\cdot\sin\frac{1}{x}\right)=0$$

洛必达法则对 $x\to\infty$的情形也成立．只要把定理中的条件所考虑的点 x_0 的某邻域改成 $|x|$ 充分大．

推论 1 设函数 $f(x)$、$g(x)$满足下列条件：

(1) $\lim\limits_{x\to\infty}f(x)=0$，$\lim\limits_{x\to\infty}g(x)=0$；

(2) 存在 $X>0$，当$|x|>X$时，$f(x)$和 $g(x)$可导，且 $g'(x)\neq 0$；

(3) $\lim\limits_{x\to\infty}\dfrac{f'(x)}{g'(x)}$存在(或为∞).

则
$$\lim_{x\to\infty}\frac{f(x)}{g(x)}=\lim_{x\to\infty}\frac{f'(x)}{g'(x)}$$

上述推论的结果也可推广到$x\to-\infty$或$x\to+\infty$的情形．

例 4 求 $\lim\limits_{x\to+\infty}\dfrac{\frac{\pi}{2}-\arctan x}{\frac{1}{x}}$.

解 它是$\frac{0}{0}$型未定式，由洛必达法则有

$$\lim_{x\to+\infty}\frac{\frac{\pi}{2}-\arctan x}{\frac{1}{x}}=\lim_{x\to+\infty}\frac{-\frac{1}{1+x^2}}{-\frac{1}{x^2}}=\lim_{x\to+\infty}\frac{x^2}{1+x^2}=1$$

二、$\frac{\infty}{\infty}$型未定式

当$x\to x_0$(或$x\to\infty$)时，$f(x)$和 $g(x)$都是无穷大量，即$\frac{\infty}{\infty}$型未定式，它也有与$\frac{0}{0}$型未定式类似的方法，我们将其结果叙述如下，而将证明从略．

定理 2 设函数 $f(x)$、$g(x)$满足下列条件：

(1) $\lim\limits_{x\to x_0}f(x)=\infty$，$\lim\limits_{x\to x_0}g(x)=\infty$；

（2）$f(x)$和$g(x)$在$\mathring{U}(x_0)$内可导，且$g'(x)\neq 0$；

（3）$\lim\limits_{x\to x_0}\dfrac{f'(x)}{g'(x)}$存在(或为$\infty$).

则
$$\lim_{x\to x_0}\frac{f(x)}{g(x)}=\lim_{x\to x_0}\frac{f'(x)}{g'(x)}$$

推论 2　设函数$f(x)$、$g(x)$满足下列条件：

（1）$\lim\limits_{x\to\infty}f(x)=\infty$，$\lim\limits_{x\to\infty}g(x)=\infty$；

（2）存在$X>0$，当$|x|>X$时，$f(x)$和$g(x)$可导，且$g'(x)\neq 0$；

（3）$\lim\limits_{x\to\infty}\dfrac{f'(x)}{g'(x)}$存在(或为$\infty$).

则
$$\lim_{x\to\infty}\frac{f(x)}{g(x)}=\lim_{x\to\infty}\frac{f'(x)}{g'(x)}$$

上述定理及推论中的结果可分别推广到$x\to x_0^-$、$x\to x_0^+$和$x\to -\infty$，$x\to +\infty$的情形.

例 5　求$\lim\limits_{x\to+\infty}\dfrac{\ln x}{x^n}$，$(n>0)$.

解　这是$\dfrac{\infty}{\infty}$型未定式，由洛必达法则有
$$\lim_{x\to+\infty}\frac{\ln x}{x^n}=\lim_{x\to+\infty}\frac{\frac{1}{x}}{nx^{n-1}}=\lim_{x\to+\infty}\frac{1}{nx^n}=0$$

例 6　求$\lim\limits_{x\to+\infty}\dfrac{x^n}{e^{\lambda x}}$　(n为正整数，$\lambda>0$).

解　相继应用洛必达法则n次，得
$$\lim_{x\to+\infty}\frac{x^n}{e^{\lambda x}}=\lim_{x\to+\infty}\frac{nx^{n-1}}{\lambda e^{\lambda x}}=\lim_{x\to+\infty}\frac{n(n-1)x^{n-2}}{\lambda^2 e^{\lambda x}}=\cdots=\lim_{x\to+\infty}\frac{n!}{\lambda^n\cdot e^{\lambda x}}=0$$

事实上，当n为任意正实数时，结论也成立，这说明任何正数幂的幂函数的增长总比指数函数$e^{\lambda x}$的增长慢.

例 7　求$\lim\limits_{x\to 0^+}\dfrac{e^{-\frac{1}{x}}}{x}$.

解　这是$\dfrac{0}{0}$型未定式.运用洛必达法则有
$$\lim_{x\to 0^+}\frac{e^{-\frac{1}{x}}}{x}=\lim_{x\to 0^+}\frac{e^{-\frac{1}{x}}\cdot\frac{1}{x^2}}{1}=\lim_{x\to 0^+}\frac{e^{-\frac{1}{x}}}{x^2}=\lim_{x\to 0^+}\frac{e^{-\frac{1}{x}}}{2x^3}\quad\left(\frac{0}{0}\text{型}\right)$$

可见，这样做下去得不出结果，但此时我们可以采用下面的变换技巧来求得其极限.
$$\lim_{x\to 0^+}\frac{e^{-\frac{1}{x}}}{x}=\lim_{x\to 0^+}\frac{\frac{1}{x}}{e^{\frac{1}{x}}}\overset{\text{令}t=\frac{1}{x}}{=}\lim_{t\to+\infty}\frac{t}{e^t}\left(\frac{0}{0}\text{型}\right)=\lim_{t\to+\infty}\frac{1}{e^t}=0$$

三、其他未定式

其他还有一些 $0\cdot\infty$、$\infty-\infty$、0^0、1^∞、∞^0 型的未定式，也可通过初等变换转化为$\frac{0}{0}$型或$\frac{\infty}{\infty}$型的未定型来计算，下面用例子说明．

例 8 求 $\lim\limits_{x\to0^+}x\cdot\ln x$.

解 这是 $0\cdot\infty$型未定式．

$$\lim_{x\to0^+}x\cdot\ln x=\lim_{x\to0^+}\frac{\ln x}{\frac{1}{x}}\ \left(\frac{\infty}{\infty}\text{型}\right)=\lim_{x\to0^+}\frac{\frac{1}{x}}{-\frac{1}{x^2}}=\lim_{x\to0^+}(-x)=0$$

例 9 求$\lim\limits_{x\to\frac{\pi}{2}}(\sec x-\tan x)$.

解 这是$\infty-\infty$型未定式，通分后可转化成$\frac{0}{0}$型．

$$\lim_{x\to\frac{\pi}{2}}(\sec x-\tan x)=\lim_{x\to\frac{\pi}{2}}\frac{1-\sin x}{\cos x}\quad\left(\frac{0}{0}\text{型}\right)=\lim_{x\to\frac{\pi}{2}}\frac{-\cos x}{-\sin x}=0$$

例 10 求 $\lim\limits_{x\to0^+}x^{\sin x}$.

解 这是 0^0 型未定式，我们先运用对数恒等式 $x^{\sin x}=e^{\ln x^{\sin x}}=e^{\sin x\cdot\ln x}$，再求极限．

$$\lim_{x\to0^+}x^{\sin x}=\lim_{x\to0^+}e^{\sin x\cdot\ln x}=e^{\lim\limits_{x\to0^+}\sin x\cdot\ln x}=e^{\lim\limits_{x\to0^+}\frac{\ln x}{\frac{1}{\sin x}}}=e^{-\lim\limits_{x\to0^+}\frac{\frac{1}{x}}{-\frac{\cos x}{\sin^2x}}}=e^{\lim\limits_{x\to0^+}\frac{-\sin^2x}{x^2}\cdot\frac{x}{\cos x}}=e^0=1$$

例 11 求$\lim\limits_{x\to1}x^{\frac{1}{1-x}}$.

解 这是 1^∞ 型未定式．我们还是先运用对数恒等式 $x^{\frac{1}{1-x}}=e^{\ln x^{\frac{1}{1-x}}}=e^{\frac{1}{1-x}\cdot\ln x}$，再求极限．

$$\lim_{x\to1}x^{\frac{1}{1-x}}=\lim_{x\to1}e^{\frac{1}{1-x}\cdot\ln x}=e^{\lim\limits_{x\to1}\frac{1}{1-x}\cdot\ln x}=e^{\lim\limits_{x\to1}\frac{\ln x}{1-x}}=e^{\lim\limits_{x\to1}\frac{\frac{1}{x}}{-1}}=e^{-1}$$

注 此例也可结合运用第二章中介绍的方法求得（不再赘述）.

例 12 求 $\lim\limits_{x\to0^+}\left(1+\frac{1}{x}\right)^x$.

解 这是∞^0 型未定式，

$$\lim_{x\to0^+}\left(1+\frac{1}{x}\right)^x=\lim_{x\to0^+}e^{x\ln\left(1+\frac{1}{x}\right)}=e^{\lim\limits_{x\to0^+}\frac{\ln\left(1+\frac{1}{x}\right)}{\frac{1}{x}}}=e^{\lim\limits_{x\to0^+}\frac{\left(1+\frac{1}{x}\right)^{-1}\cdot\left(-\frac{1}{x^2}\right)}{-\frac{1}{x^2}}}=e^{\lim\limits_{x\to0^+}\frac{x}{1+x}}=e^0=1$$

洛必达法则是求未定式的一种有效方法，但最好能与其他求极限的方法结合使用．例如能化简时应尽可能先化简；可以应用等价无穷小替代成重要极限时，应尽可能应用，这样可以使运算简捷．

例 13　求$\lim\limits_{x\to 0}\dfrac{x-\tan x}{x^2\cdot\sin x}$.

解　若直接用洛必达法则，则分母的导函数（尤其是高阶导数）较繁．而我们若可先作一个等价无穷小代换．那么运算就简单得多．由 $\sin x\sim x$（$x\to 0$），则有

$$\lim_{x\to 0}\frac{x-\tan x}{x^2\cdot\sin x}=\lim_{x\to 0}\frac{x-\tan x}{x^3}=\lim_{x\to 0}\frac{1-\sec^2 x}{3x^2}=-\lim_{x\to 0}\frac{\tan^2 x}{3x^2}=-\frac{1}{3}\lim_{x\to 0}\left(\frac{\tan x}{x}\right)^2=-\frac{1}{3}$$

第三节　泰勒公式

一、泰勒公式

设函数 $f(x)$在 x_0 处可导，则由微分公式有：$f(x)=f(x_0)+f'(x_0)(x-x_0)+o(x-x_0)$ 这表明在 x_0 处 $f(x)$可以用一个一次多项式来近似表示．但这种表示存在缺陷：函数的表示不够精确，且误差不易估计．为了解决此问题，可用一个高次多项式来近似表示函数，且使其误差容易估计，而这就是泰勒公式．

设函数 $f(x)$在含有 x_0 的某开区间内具有直到$(n+1)$阶导数，下面找出 $x-x_0$ 的 n 次多项式：

$$P_n(x)=a_0+a_1(x-x_0)+a_2(x-x_0)^2+\cdots+a_n(x-x_0)^n \tag{1}$$

使其近似表示 $f(x)$，要求

(1) $P_n(x)$与 $f(x)$之差是比$(x-x_0)^n$ 高阶的无穷小；

(2) 给出误差$|f(x)-P_n(x)|$的具体表达式．

假设 $P_n(x)$在 x_0 处的函数值及 n 阶导数在 x_0 处的值满足：

$$f(x_0)=P_n(x_0),f'(x_0)=P_n'(x_0),\cdots,f^{(n)}(x_0)=P_n^{(n)}(x_0) \tag{2}$$

下面确定多项式的系数 $a_0,a_1,\cdots,a_n$. 为此，对式（1）求各阶导数，然后分别代入以上等式，得：$a_0=f(x_0),a_1=f'(x_0),a_2\cdot 2!=f''(x_0),\cdots,a_n\cdot n!=f^{(n)}(x_0)$

即得：$a_0=f(x_0),a_1=f'(x_0),a_2=\dfrac{1}{2!}f''(x_0),\cdots,a_n=\dfrac{1}{n!}f^{(n)}(x_0)$从而

$$P_n(x)=f(x_0)+\frac{f'(x_0)}{1!}(x-x_0)+\frac{f''(x_0)}{2!}(x-x_0)^2+\cdots+\frac{f^{(n)}(x_0)}{n!}(x-x_0)^n \tag{3}$$

定理（泰勒中值定理）　如果函数 $f(x)$在含有 x_0 的某个开区间(a,b)内具有直到 $n+1$阶导数，则对于任意一 $x\in(a,b)$，有

$$f(x)=f(x_0)+f'(x_0)(x-x_0)+\frac{f''(x_0)}{2!}(x-x_0)^2+\cdots+\frac{f^{(n)}(x_0)}{n!}(x-x_0)^n+R_n(x) \tag{4}$$

其中

$$R_n(x)=\frac{f^{(n+1)}(\xi)}{(n+1)!}(x-x_0)^{n+1}\qquad\text{（这里 }\xi\text{ 是 }x_0\text{ 与 }x\text{ 之间的某个值）} \tag{5}$$

证 记$R_n(x)=f(x)-P_n(x)$只需证明

$$R_n(x)=\frac{f^{(n+1)}(\xi)}{(n+1)!}(x-x_0)^{n+1} \quad (\xi\text{介于}x_0\text{与}x\text{之间})$$

由假设可知，$R_n(x)$在(a,b)内具有直到（$n+1$）阶导数，且

$$R_n(x_0)=R'_n(x_0)=\cdots=R_n^{(n)}(x_0)=0$$

则$R_n(x)$和$(x-x_0)^{n+1}$在$[x_0,x]$(或$[x,x_0]$)满足柯西中值定理，即有

$$\frac{R_n(x)}{(x-x_0)^{n+1}}=\frac{R_n(x)-R_n(x_0)}{(x-x_0)^{n+1}-0}=\frac{R'_n(\xi_1)}{(n+1)(\xi_1-x_0)^n} \quad (\xi_1\text{ 介于 }x_0\text{ 与 }x\text{ 之间})$$

同样函数$R'_n(x)$与$(n+1)(x-x_0)^n$ 在$[x_0,x]$(或$[x,x_0]$)满足柯西中值定理，即

$$\frac{R'_n(\xi_1)}{(n+1)(\xi_1-x_0)^n}=\frac{R'_n(\xi_1)-R'_n(x_0)}{(n+1)(\xi_1-x_0)^n-0}=\frac{R''_n(\xi_2)}{n(n+1)(\xi_2-x_0)^{n-1}} \quad (\xi_2\text{ 在 }x_0\text{ 与 }\xi_1\text{ 之间})$$

连续经过$n+1$次后，得 $\dfrac{R_n(x)}{(x-x_0)^{n+1}}=\dfrac{R_n^{(n+1)}(\xi)}{(n+1)!}$，($\xi$在$x_0$与$\xi_n$之间,从而在$x_0$与$x$之间)，由于$R_n^{(n+1)}(x)=f^{(n+1)}(x)$，(因为$P_n^{(n+1)}(x)=0$).

所以$R_n(x)=\dfrac{f^{(n+1)}(\xi)}{(n+1)!}(x-x_0)^{n+1}$，这里$\xi$是$x_0$与$x$之间的某个值.

定理中的公式（4）称为函数$f(x)$在$x=x_0$点的n阶泰勒展开式，或称为具有拉格朗日型余项的n阶泰勒公式．式（5）中的$R_n(x)$称为拉格朗日型余项．式（3）中的多项式

$P_n(x)=f(x_0)+\dfrac{f'(x_0)}{1!}(x-x_0)+\dfrac{f''(x_0)}{2!}(x-x_0)^2+\cdots+\dfrac{f^{(n)}(x_0)}{n!}(x-x_0)^n$ 称为$f(x)$在$x=x_0$点的n次泰勒多项式(或称为n次近似公式).

对某个固定的n值，如果$\exists M>0$，使得$|f^{(n+1)}(x)|\leqslant M$，则有余项估计式：

$$|R_n(x)|=\left|\frac{f^{(n+1)}(\xi)}{(n+1)!}(x-x_0)^{n+1}\right|\leqslant\frac{M}{(n+1)!}|x-x_0|^{n+1}$$

且$\lim\limits_{x\to x_0}\dfrac{R_n(x)}{(x-x_0)^n}=0$，因此$R_n(x)=o[(x-x_0)^n]$.

特别当$n=0$时，有$f(x)=f(x_0)+f'(\xi)(x-x_0)$　(ξ介于x_0与x之间)，此为拉格朗日中值定理．因此拉格朗日型余项的泰勒公式是拉格朗日中值定理的推广．

当不需要余项的精确表达式时，则n阶泰勒公式也可写成：

$$f(x)=f(x_0)+\frac{f'(x_0)}{1!}(x-x_0)+\frac{f''(x_0)}{2!}(x-x_0)^2+\cdots+\frac{f^{(n)}(x_0)}{n!}(x-x_0)^n+o[(x-x_0)^n] \tag{6}$$

式（6）称为皮亚诺（Peano）型余项的泰勒公式，$R_n(x)=o[(x-x_0)^n]$称为皮亚诺余项．

特别当$x_0=0$时，即为麦克劳林公式：

$f(x)=f(0)+\dfrac{f'(0)}{1!}x+\dfrac{f''(0)}{2!}x^2+\cdots+\dfrac{f^{(n)}(0)}{n!}x^n+\dfrac{f^{(n+1)}(\xi)}{(n+1)!}x^{n+1}$($\xi$在$x_0$与$x$

之间），

或 $$f(x)=f(0)+f'(0)x+\frac{f''(0)}{2!}x^2+\cdots+\frac{f^{(n)}(0)}{n!}x^n+o(x^n)$$

拉格朗日型余项的麦克劳林公式也可写成：

$$f(x)=f(0)+f'(0)x+\frac{f''(0)}{2!}x^2+\cdots+\frac{f^{(n)}(0)}{n!}x^n+\frac{f^{(n+1)}(\theta x)}{(n+1)!}x^{n+1},\quad (0<\theta<1) \tag{7}$$

于是 $f(x)\approx f(0)+f'(0)x+\frac{f''(0)}{2!}x^2+\cdots+\frac{f^{(n)}(0)}{n!}x^n$，且$|R_n(x)|\leqslant\frac{M}{(n+1)!}|x|^{n+1}$

二、几个常用的麦克劳林公式

（1）$e^x=1+x+\frac{x^2}{2!}+\cdots+\frac{x^n}{n!}+o(x^n)$；

（2）$\sin x=x-\frac{x^3}{3!}+\frac{x^5}{5!}-\cdots+(-1)^{m-1}\frac{x^{2m-1}}{(2m-1)!}+o(x^{2m})$；

（3）$\cos x=1-\frac{x^2}{2!}+\frac{x^4}{4!}-\cdots+(-1)^m\frac{x^{2m}}{(2m)!}+o(x^{2m+1})$；

（4）$\ln(1+x)=x-\frac{x^2}{2}+\frac{x^3}{3}-\cdots+(-1)^{n-1}\frac{x^n}{n}+o(x^n)$；

（5）$(1+x)^\alpha=1+\alpha x+\frac{\alpha(\alpha-1)}{2!}x^2+\cdots+\frac{\alpha(\alpha-1)\cdots(\alpha-n+1)}{n!}x^n+o(x^n)$.

特别地，$\frac{1}{1-x}=1+x+x^2+\cdots+x^n+o(x^n)$

$\frac{1}{1+x}=1-x+x^2-\cdots+(-1)^n x^n+o(x^n)$

证　（1）设 $f(x)=e^x$，因为

$$f'(x)=e^x,\cdots,f^{(n)}(x)=e^x$$

所以

$$f(0)=1,f'(0)=1,\cdots,f^{(n)}(0)=1$$

代入式（7），得

$$e^x=1+x+\frac{x^2}{2!}+\cdots+\frac{x^n}{n!}+o(x^n)$$

利用上述几个函数的麦克劳林公式，应用变量代换的方法，可以间接求得其他一些函数的麦克劳林公式或泰勒公式，也可用泰勒公式求某些类型的极限.

例 1　写出函数 $f(x)=e^{-\frac{x^2}{2}}$ 麦克劳林公式.

解　用$-\frac{x^2}{2}$替换式（1）中的 x，得到

$$e^{-\frac{x^2}{2}}=1-\frac{x^2}{2}+\frac{x^4}{2^2\cdot 2!}+\cdots+(-1)^n\frac{x^{2n}}{2^n\cdot n!}+o(x^{2n})$$

例 2　求函数 $f(x)=\ln x$ 在 $x=2$ 处的泰勒公式．

解　由于

$$\ln x=\ln[2+(x-2)]=\ln 2+\ln\left(1+\frac{x-2}{2}\right)$$

因此，用 $\frac{x-2}{2}$ 替换式（4）中的 x，得到

$$\ln x=\ln 2+\frac{1}{2}(x-2)-\frac{1}{2\cdot 2^2}(x-2)^2+\cdots+(-1)^{n-1}\frac{1}{n\cdot 2^n}(x-2)^n+o[(x-2)^n]$$

例 3　求极限 $\lim\limits_{x\to 0}\frac{\cos x-\mathrm{e}^{-\frac{x^2}{2}}}{x^4}$.

解　本题可以用洛必达法则求解，但比较烦琐．下面应用泰勒公式求解．考虑到极限的分母为 x^4，用麦克劳林公式表示极限式中的分子（取 $n=4$，并利用 e^x 及 $\cos x$ 的麦克劳林公式）.

因为

$$\cos x=1-\frac{x^2}{2}+\frac{x^4}{24}+o(x^5)$$

$$\mathrm{e}^{-\frac{x^2}{2}}=1-\frac{x^2}{2}+\frac{x^4}{8}+o(x^5)$$

所以

$$\lim_{x\to 0}\frac{\cos x-\mathrm{e}^{-\frac{x^2}{2}}}{x^4}=\lim_{x\to 0}\frac{-\frac{1}{12}x^4+o(x^5)}{x^4}=-\frac{1}{12}$$

第四节　函数的单调性与极值

一、函数的单调性

第一章我们已经介绍了函数在区间上单调性的概念．下面由拉格朗日中值定理，可以得到利用导数来判断函数单调性的简便而有效的方法．

定理 1　设函数 $f(x)$ 在闭区间 $[a,b]$ 上连续，且在 (a,b) 内可导，则

(1) 若对任意 $x\in(a,b)$，有 $f'(x)>0$，则 $f(x)$ 在 $[a,b]$ 上严格单调增加；

(2) 若对任意 $x\in(a,b)$，有 $f'(x)<0$，则 $f(x)$ 在 $[a,b]$ 上严格单调减少．

证　对任意 $x_1,x_2\in[a,b]$，不妨设 $x_1<x_2$，由拉格朗日中值定理有

$$f(x_2)-f(x_1)=f'(\xi)(x_2-x_1),\ \xi\in(x_1,x_2)$$

由 $f'(x)>0$，得 $f'(\xi)>0$，故 $f(x_2)>f(x_1)$，(1) 得证．类似地可证 (2).

从上面证明过程可以看到，定理中的闭区间若换成其他区间（如开的、半开半闭的或无穷区间等），结论仍成立．

例 1　判断函数 $y=x-\sin x$ 在 $[0,2\pi]$ 上单调性．

解　因为对任意的 $x\in(0,2\pi)$，有 $y'=1-\cos x>0$.

所以由定理 1 可知，函数 $y=x-\sin x$ 在$[0,2\pi]$上单调增加．

例 2　求函数 $y=\mathrm{e}^x-x-1$ 的单调性．

解　函数的定义域为$(-\infty,+\infty)$，函数在整个定义域内可导，且 $y'=\mathrm{e}^x-1$.

又在$(-\infty,0)$内 $y'<0$，所以函数 $y=\mathrm{e}^x-x-1$ 在$(-\infty,0]$上单调减少；在$(0,+\infty)$内 $y'>0$，所以函数 $y=\mathrm{e}^x-x-1$ 在$[0,+\infty)$上单调增加．

例 3　讨论函数 $y=\sqrt[3]{x^2}$ 的单调性．

解　函数的定义域为$(-\infty,+\infty)$，当 $x\neq 0$ 时，$y'=\dfrac{2}{3\sqrt[3]{x}}$；当 $x=0$ 时，函数的导数不存在．而当 $x>0$ 时，$y'>0$；当 $x<0$ 时，$y'<0$，故函数在$(-\infty,0]$内单调减少，在$[0,+\infty)$内单调增加（图 4-4）．

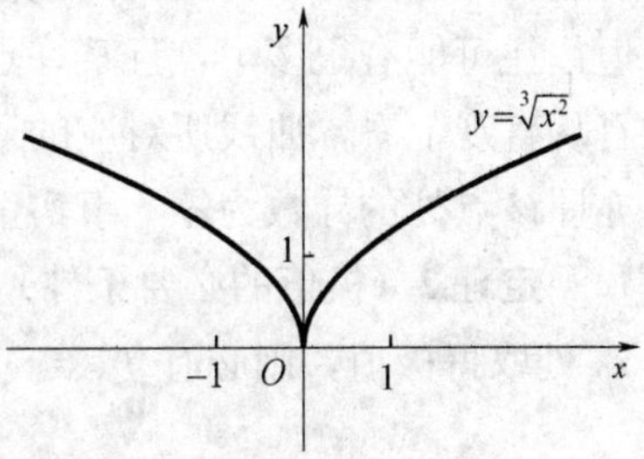

图 4-4

从例 2、例 3 可以看出，函数单调增减区间的分界点是导数为零的点或导数不存在的点，一般地，如果函数 $f(x)$在定义域区间 I 上连续，除去至多有限个点外导数存在，那么求 $y=f(x)$单调区间的步骤如下：

(1) 求 $f'(x)$；

(2) 求出使 $f'(x)=0$ 及 $f'(x)$不存在的点，并按由大到小的顺序排列出来；

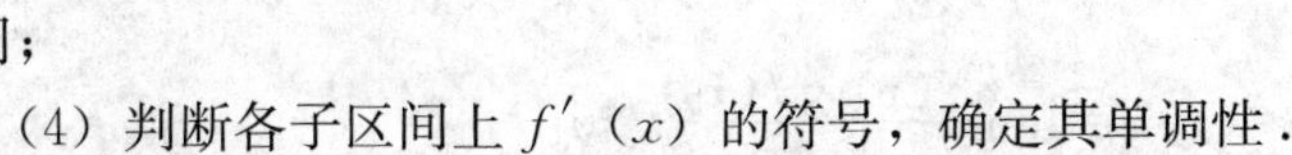

(3) 用这些点插入定义区间 I 将其分为若干个子区间；

(4) 判断各子区间上 $f'(x)$ 的符号，确定其单调性．

例 4　确定函数 $f(x)=(2x-5)\cdot x^{\frac{2}{3}}$ 的单调区间．

解　函数的定义域为$(-\infty,+\infty)$

$$f'(x)=[(2x-5)\cdot x^{\frac{2}{3}}]'=\frac{10(x-1)}{3\sqrt[3]{x}}$$

可见，$x_1=0$ 处导数不存在，$x_2=1$ 处导数为零．以 x_1 和 x_2 为分点，将函数定义域$(-\infty,+\infty)$分为三个子区间，其讨论结果列表如下：

x	$(-\infty,0)$	0	$(0,1)$	1	$(1,+\infty)$
$f'(x)$	+	不存在	−	0	+
$f(x)$	↗	0	↘	−3	↗

由表可知，$f(x)$的单调增加区间为$(-\infty,0]$和$[1,+\infty)$，单调减少区间为$[0,1]$.

利用函数的单调性，可以证明一些不等式．例如，要证 $f(x)>0$ 在(a,b)上成立，只要证明在$[a,b]$上 $f(x)$严格单调增加（减少）且 $f(a)\geqslant 0(f(b)\geqslant 0)$ 即可．

例 5　证明：当 $x>1$ 时，有 $2\sqrt{x}>3-\dfrac{1}{x}$成立．

证　令 $f(x)=2\sqrt{x}-\left(3-\dfrac{1}{x}\right)$，则 $f'(x)=\dfrac{1}{\sqrt{x}}-\dfrac{1}{x^2}=\dfrac{1}{x^2}(x\sqrt{x}-1)$.

$f(x)$在$[1,+\infty)$上连续，在$(1,+\infty)$内 $f'(x)>0$，因此 $f(x)$在$[1,+\infty)$上单调增

加，即当 $x>1$ 时，$f(x)>f(1)=0$. 所以当 $x>1$ 时有 $f(x)>0$，即 $2\sqrt{x}>3-\frac{1}{x}$.

二、函数的极值

函数的极值是一个局部性概念，是函数性态的一个重要特征，其确切定义如下：

定义 1 设 $f(x)$ 在 x_0 的某邻域 $U(x_0)$ 内有定义．若对任意 $x\in\mathring{U}(x_0)$，有 $f(x)<f(x_0)$（$f(x)>f(x_0)$），则称 $f(x)$ 在点 x_0 处取得极大值（极小值）$f(x_0)$，x_0 称为极大值点（极小值点）.

极大值和极小值统称为极值，极大值点和极小值点统称为极值点．由定义可知，极值是在一点的邻域内比较函数值的大小而产生的．因此对于一个定义在 I 内的函数，极值往往可能有很多个，且某一点取得的极大值可能会比另一点取得的极小值还要小，而且从直观上看，曲线所对应的函数在取极值的地方，其切线（如果存在）都是水平的，亦即该点处的导数为零．事实上，我们有下面的定理．

定理 2（极值的必要条件） 设函数 $f(x)$ 在 x_0 处可导，某区间 I 内有定义，且在该 x_0 处取得极值，则必有 $f'(x_0)=0$.

证 不妨设 $f(x_0)$ 为极大值，则由定义，存在 $U(x_0)\subset I$，使对任意 $x\in\mathring{U}(x_0)$ 有 $f(x)<f(x_0)$. 从而当 $x<x_0$ 时，有 $\frac{f(x)-f(x_0)}{x-x_0}>0$.

故
$$f'_-(x_0)=\lim_{x\to x_0^-}\frac{f(x)-f(x_0)}{x-x_0}\geqslant 0$$

又当 $x>x_0$ 时，有
$$\frac{f(x)-f(x_0)}{x-x_0}<0$$

故
$$f'_+(x_0)=\lim_{x\to x_0^+}\frac{f(x)-f(x_0)}{x-x_0}\leqslant 0$$

又 $f(x)$ 在 x_0 可导，所以 $f'_+(x_0)=f'_-(x_0)$，从而 $f'(x_0)=0$.

同理可证极小值的情形．

通常称 $f'(x)=0$ 的点为函数 $f(x)$ 的驻点．定理 2 告诉我们：可导函数的极值点必为驻点．但驻点未必是极值点．例如，$x=0$ 是 $f(x)=x^3$ 的驻点，但不是 $f(x)$ 的极值点．又如 $y=|x|$ 在 $x=0$ 处取极小值，而函数在 $x=0$ 处不可导．这表示极值点也可能是导数不存在点，因此，对于连续函数来说，驻点和导数不存在的点均有可能成为极值点．那么，如何判别它们是否确为极值点呢？我们有以下的判别准则．

定理 3（极值的第一充分条件） 设函数 $f(x)$ 在点 x_0 连续，在 $\mathring{U}(x_0)$ 内可导．

（1）若对任意 $x\in(x_0-\delta,x_0)$，$f'(x)>0$；对任意 $x\in(x_0,x_0+\delta)$，$f'(x)<0$，则 $f(x)$ 在 x_0 取得极大值；

（2）若对任意 $x\in(x_0-\delta,x_0)$，$f'(x)<0$；对任意 $x\in(x_0,x_0+\delta)$，$f'(x)>0$，则 $f(x)$ 在 x_0 取得极小值；

（3）若 $f'(x)$ 在 $x\in(x_0-\delta,x_0)\cup(x_0,x_0+\delta)$ 内保持符号不变，则 $f(x)$ 在 x_0 不取

得极值．

证　只证（1）．当 $x\in(x_0-\delta,x_0)$，有 $f'(x)>0$，则 $f(x)$在$(x_0-\delta,x_0)$单调增加，所以 $f(x)<f(x_0)$，$x\in(x_0-\delta,x_0)$．当 $x\in(x_0,x_0+\delta)$，有 $f'(x)<0$，则 $f(x)$在$(x_0,x_0+\delta)$单调减少，所以 $f(x)<f(x_0)$，$x\in(x_0,x_0+\delta)$．即 $x\in(x_0-\delta,x_0+\delta)$，且 $x\neq x_0$，则恒有 $f(x)<f(x_0)$，从而 $f(x)$在 x_0 取极大值．

例 6　求函数 $f(x)=(x-1)\sqrt[3]{x^2}$的极值．

解　$f(x)$的定义域为$(-\infty,+\infty)$，

$$f'(x)=\sqrt[3]{x^2}+\frac{2}{3}(x-1)\frac{1}{\sqrt[3]{x}}=\frac{5x-2}{3\sqrt[3]{x}}$$

可见，$x_1=0$ 处导数不存在，$x_2=\frac{2}{5}$处导数为零，将这两个点插入定义域$(-\infty,+\infty)$．

列表：

x	$(-\infty,0)$	0	$\left(0,\frac{2}{5}\right)$	$\frac{2}{5}$	$\left(\frac{2}{5},+\infty\right)$
$f'(x)$	$+$	不存在	$-$	0	$+$
$f(x)$	↗	0	↘	-3	↗

由上表可得，函数在 $x=0$ 处取得极大值 $f(0)=0$，在 $x=\frac{2}{5}$处取得极小值 $f\left(\frac{2}{5}\right)=-\frac{3}{5}\left(\frac{4}{25}\right)^{\frac{1}{6}}$．

综上可得，求在连续区间内除个别点外处处可导函数 $f(x)$极值的步骤：

（1）求 $f'(x)=0$ 及 $f'(x)$不存在的点；

（2）考察这些点的左右两侧 $f'(x)$的符号，以确定该点是否为极值点；如果是极值点，进一步确定是极大值点还是极小值点；

（3）求出各极值点的函数值，就可得函数 $f(x)$的全部极值．

当函数 $f(x)$在驻点的二阶导数存在时，可以应用下面的判定法则更为简便．

定理 4（极值的第二充分条件）

设函数 $f(x)$在 x_0 具有二阶导数且 $f'(x_0)=0$，$f''(x_0)\neq0$，则

（1）当 $f''(x_0)<0$ 时，函数 $f(x)$在 x_0 取得极大值；

（2）当 $f''(x_0)>0$ 时，函数 $f(x)$在 x_0 取得极小值．

证　（1）因为 $f'(x_0)=0$，$f''(x_0)<0$，根据二阶导数的定义

$$f''(x_0)=\lim_{x\to x_0}\frac{f'(x)-f'(x_0)}{x-x_0}=\lim_{x\to x_0}\frac{f'(x)}{x-x_0}<0$$

因为$\lim\limits_{x\to x_0}\frac{f'(x)}{x-x_0}<0$，由极限的性质可知，存在 x_0 的某 δ 去心邻域，使得在该去心邻域内

$$\frac{f'(x)}{x-x_0}<0\quad(x\neq x_0)$$

所以当 $x<x_0$ 时，$f'(x)>0$；当 $x>x_0$ 时，$f'(x)<0$. 即当 $x\in(x_0-\delta,x_0)$，$f'(x)>0$；当 $x\in(x_0,x_0+\delta)$，$f'(x)<0$，由定理 3 知，$f(x)$在 x_0 取得极大值 $f(x_0)$.

同理可证（2）.

例 7 求 $f(x)=x^3-3x^2-9x+5$ 的极值.

解 $f'(x)=3x^2-6x-9$，$f''(x)=6x-6$.

令 $f'(x)=0$，得 $x_1=-1$，$x_2=3$. 而 $f''(-1)=-12<0$，$f''(3)=12>0$，所以 $f(x)$的极大值为 $f(-1)=10$，$f(x)$的极小值为 $f(3)=-22$.

如果在驻点 x_0 处 $f''(x_0)=0$，那么利用定理 4 不能判别 $f(x)$在 x_0 处是否取极值. 例如 $f(x)=x^3$，不仅 $f'(0)=0$，而且 $f''(0)=0$，此时我们可运用定理 3 来判别.

第五节　曲线的凹凸性、拐点与图形描绘

1. 曲线的凹凸性与拐点

考虑两个函数 $f(x)=x^2$ 和 $g(x)=\sqrt{x}$，它们在$(0,+\infty)$上都是单调的，但它们增长方式不同，从几何上来说（图 4-5），两条曲线弯曲方向不同，$f(x)=x^2$ 的图形是（向上）凹的，而 $g(x)=\sqrt{x}$ 的图形是（向上）凸的. 这种性质就是曲线的凹凸性.

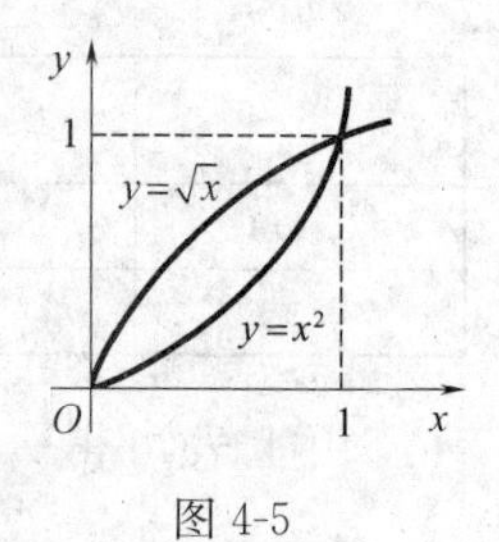

图 4-5

定义 1 设函数 $f(x)$在区间 I 上连续. 如果对 I 上任取两点 x_1,x_2，恒有

$$f\left(\frac{x_1+x_2}{2}\right)<\frac{f(x_1)+f(x_2)}{2}$$

那么称 $f(x)$在 I 上的图形（图 4-6a）是（向上）凹的（或凹弧），且 I 称为曲线 $f(x)$的凹区间；如果恒有 $f\left(\frac{x_1+x_2}{2}\right)>\frac{f(x_1)+f(x_2)}{2}$（图 4-6b），那么称 $f(x)$在 I 上的图形是（向上）凸的（或凸弧），且 I 称为曲线 $f(x)$的凸区间.

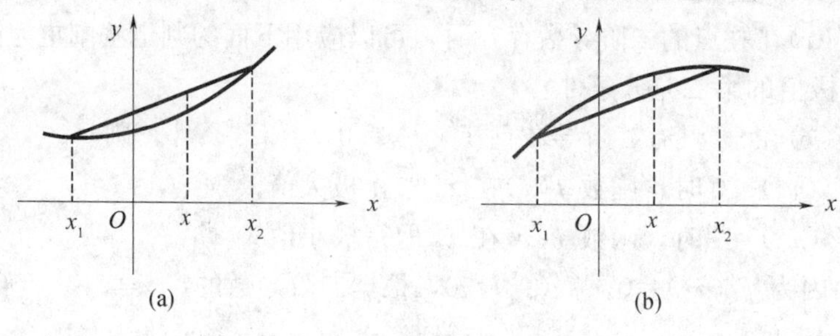

图 4-6

函数 $f(x)$在 I 内有二阶导数，我们可以利用二阶导数的符号来判别函数在 I 内的凹凸性，这就是下面的曲线凹凸性的判别定理.

定理 1 设函数 $f(x)$在$[a,b]$上连续，在(a,b)内具有二阶导数，那么

（1）若在(a,b)有 $f''(x)>0$，则 $f(x)$在$[a,b]$上的图形是凹的；

（2）若在(a,b)有 $f''(x)<0$，则 $f(x)$在$[a,b]$上的图形是凸的.

定理的证明从略，定理中的闭区间可以换成其他类型的区间. 此外，若在(a,b)内

除有限个点上有 $f''(x)=0$ 外，其余点处均满足定理的条件，则定理的结论仍然成立．

例 1　判别曲线 $y=\ln x$ 的凹凸性．

解　因为 $y'=\dfrac{1}{x}$，$y''=-\dfrac{1}{x^2}$，所以当 $x\in(0,+\infty)$时，有 $y''=-\dfrac{1}{x^2}<0$，由定理 1 知，曲线 $y=\ln x$ 是凸的．

例 2　判定曲线 $y=x^3$ 的凹凸性．

解　由 $y'=3x^2$，$y''=6x$ 知，当 $x\in(0,+\infty)$时 $y''>0$，当 $x\in(-\infty,0)$时 $y''<0$，因此 $f(x)$在$(0,+\infty]$是凹的，$(-\infty,0]$是凸的．

定义 2　连续曲线 $y=f(x)$凹和凸的分界点称为该曲线的拐点．

由于函数的凹凸性可由其二阶导数的符号来判断，故对于二阶可导函数 $y=f(x)$来说，先求出方程 $f''(x)=0$ 的根，再判别 $f''(x)$在这些点左、右两侧的符号是否改变，便可求出拐点．

例 3　求曲线 $y=3x^4-4x^3+1$ 的凹凸区间，并求拐点．

解　$y'=12x^3-12x^2$，$y''=36x^2-24x$. 令 $y''=0$ 得 $x_1=0, x_2=\dfrac{2}{3}$，这两个点将定义域$(-\infty,+\infty)$分成三个部分区间．

列表考察各部分区间上二阶导数的符号，确定出函数的凸性与曲线的拐点（“∪”表示凹的，“∩”表示凸的）：

x	$(-\infty, 0)$	0	$\left(0, \frac{2}{3}\right)$	$\frac{2}{3}$	$\left(\frac{2}{3}, +\infty\right)$
y''	+	0	−	0	+
y	∪	有拐点	∩	有拐点	∪

可见，$(-\infty,0]$及$\left[\dfrac{2}{3},+\infty\right)$为曲线的凹区间，$\left[0,\dfrac{2}{3}\right]$为曲线的凸区间，$(0,1)$及$\left(\dfrac{2}{3},\dfrac{11}{27}\right)$为曲线的拐点．

值得注意的是，如果 $f''(x)$在 x_0 处不存在，点$(x_0,f(x_0))$也可能是曲线 $y=f(x)$的拐点．

例 4　求曲线 $y=\sqrt[3]{x}$的凹凸区间，并求拐点．

解　函数的定义域为$(-\infty,+\infty)$

当 $x\neq0$ 时，$y'=\dfrac{1}{3\sqrt[3]{x^2}}$，$y''=-\dfrac{2}{9x\sqrt[3]{x^2}}$.

当 $x=0$ 时，y',y''都不存在，当 $x<0$ 时，$y''>0$，故曲线在$(-\infty,0]$内为凹的；当 $x>0$ 时 $y''<0$，曲线在$[0,+\infty)$内为凸的．又函数 $y=\sqrt[3]{x}$在$x=0$ 处连续，故$(0,0)$是曲线的拐点．

从上面的讨论知，求曲线的拐点应该从使 $f''(x)=0$ 的点及 $f''(x)$不存在的点中找，如果 $f''(x)$在这些点左右两侧改变符号，则点$(x_0,f(x_0))$就是曲线 $y=f(x)$的拐点，否则就不是曲线的拐点．

求曲线 $f(x)$ 凹凸区间及拐点的一般方法为：

(1) 求 $f''(x)$；

(2) 求使 $f''(x)=0$ 的点及使 $f''(x)$ 不存在的点，用这些点将其定义区间分成若干个子区间；

(3) 讨论各子区间上 $f''(x)$ 的符号，根据其符号来判定 $f(x)$ 在各子区间上的凹凸性，并求出相应的拐点．

二、曲线的渐近线

在中学指出若一动点 P 沿着曲线 $y=f(x)$ 离坐标原点无限远移时，P 与某一条直线 l 的距离趋近于零，则称直线 l 为曲线 $y=f(x)$ 的一条渐近线．我们已经对渐近线有了初步的了解，下面我们对曲线的渐近线作进一步的讨论．

1. 水平渐近线

定义 3 设函数 $y=f(x)$ 的定义域为无限区间，如果 $\lim\limits_{x\to+\infty} f(x)=A$ 或 $\lim\limits_{x\to-\infty} f(x)=A$（$A$ 为常数），则称直线 $y=A$ 为曲线 $y=f(x)$ 的水平渐近线．

例 5 求曲线 $y=\arctan x$ 的水平渐近线．

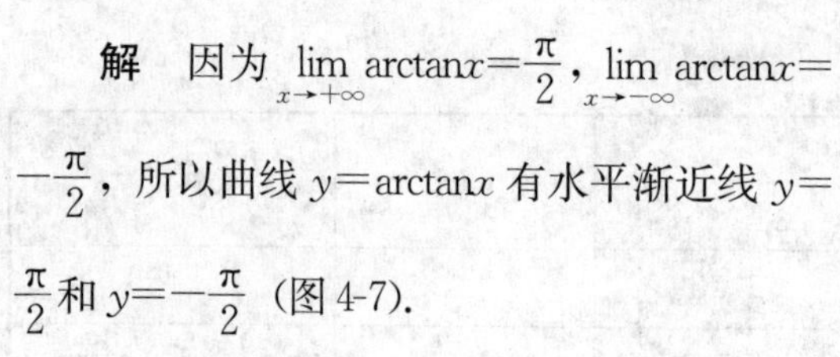

解 因为 $\lim\limits_{x\to+\infty}\arctan x=\frac{\pi}{2}$，$\lim\limits_{x\to-\infty}\arctan x=-\frac{\pi}{2}$，所以曲线 $y=\arctan x$ 有水平渐近线 $y=\frac{\pi}{2}$ 和 $y=-\frac{\pi}{2}$（图 4-7）．

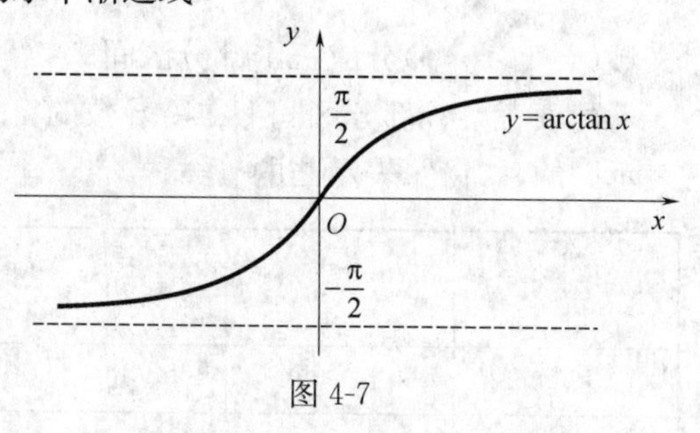

图 4-7

2. 垂直渐近线

定义 4 设函数 $y=f(x)$ 在点 x_0 处间断，如果 $\lim\limits_{x\to x_0^-} f(x)=\infty$ 或 $\lim\limits_{x\to x_0^+} f(x)=\infty$，则称直线 $x=x_0$ 为曲线 $y=f(x)$ 的垂直渐近线．

例 6 求曲线 $y=\frac{1}{x^2-1}$ 的垂直渐近线．

解 因为 $y=\frac{1}{x^2-1}=\frac{1}{(x-1)(x+1)}$ 有两个间断点 $x=1$ 和 $x=-1$，而

$$\lim_{x\to1} y=\lim_{x\to1}\frac{1}{(x-1)(x+1)}=\infty$$

$$\lim_{x\to-1} y=\lim_{x\to-1}\frac{1}{(x-1)(x+1)}=\infty$$

所以曲线有垂直渐近线 $x=1$ 和 $x=-1$．

3. 斜渐近线

定义 5 如果 $\lim\limits_{x\to+\infty}\frac{f(x)}{x}=k$（或 $\lim\limits_{x\to-\infty}\frac{f(x)}{x}=k$），并且 $\lim\limits_{x\to+\infty}[f(x)-kx]=b$（或 $\lim\limits_{x\to-\infty}[f(x)-kx]=b$），则称直线 $y=kx+b$ 为曲线 $y=f(x)$ 的一条斜渐近线．

例 7　求曲线 $y=\dfrac{x^2}{1+x}$的渐近线．

解　显见 $x=-1$ 为垂直渐近线，无水平渐近线．

因为$\lim\limits_{x\to\infty}\dfrac{f(x)}{x}=\lim\limits_{x\to\infty}\dfrac{x}{1+x}=1$，所以 $k=1$，

又因为$\lim\limits_{x\to\infty}[f(x)-kx]=\lim\limits_{x\to\infty}\left(\dfrac{x^2}{1+x}-x\right)=-1$，所以 $b=-1$，故 $y=x-1$ 为曲线 $y=\dfrac{x^2}{1+x}$的斜渐近线．

三、函数图形的描绘

函数图形是函数的直观表示，它可以使函数的各种性态一目了然，对研究函数是有帮助的．中学里所学习的描点法是作函数图形的基本方法，但是只适用于一些简单图形的描绘．而对于过分复杂函数的图形，描点法作图不但工作量大，而且其准确性也比较差．现在我们借助于函数的一阶、二阶导数讨论了函数的单调性、极值、凹凸性及曲线的拐点等，利用函数的这些性态，就可以比较准确地描绘函数的图形，现将描绘图形的一般步骤概括如下：

(1) 确定函数 $f(x)$的定义域，讨论函数的奇偶性、周期性；

(2) 求使 $f'(x)=0$，$f''(x)=0$ 的点及使 $f'(x)$，$f''(x)$不存在的点，用这些点将函数的定义域分成若干个子区间；

(3) 列表确定函数的单调区间和极值及曲线的凹凸区间和拐点；

(4) 求曲线的渐近线；

(5) 求出使 $f'(x)=0$，$f''(x)=0$ 的点及使 $f'(x)$，$f''(x)$不存在的点所对应的函数值，定出图形上的相应点（有时需添加一些辅助点以便把曲线描绘得更精确）；

(6) 作图．

例 8　描绘 $f(x)=\dfrac{1}{\sqrt{2\pi}}e^{-\frac{x^2}{2}}$的图形．

解　(1) 函数的定义域为$(-\infty,+\infty)$，且 $f(x)$在$(-\infty,+\infty)$上连续．

显然 $f(x)$为偶函数，因此它关于 y 轴对称，可以只讨论$(0,+\infty)$上该函数的图形．又对任意 $x\in(-\infty,+\infty)$有 $f(x)>0$，所以 $y=f(x)$的图形位于 x 轴的上方．

(2) $f'(x)=-\dfrac{x}{\sqrt{2\pi}}e^{-\frac{x^2}{2}}$，$f''(x)=\dfrac{1}{\sqrt{2\pi}}e^{-\frac{x^2}{2}}(x^2-1)$.

令 $f'(x)=0$，得 $x=0$；令 $f''(x)=0$ 得 $x=\pm1$.

(3) 列表如下：

x	0	(0, 1)	1	(1, $+\infty$)
$f'(x)$	0	$-$	$-$	$-$
$f''(x_0)$	$-$	$-$	0	$+$
$f(x)$	极大值	↘	拐点	↘

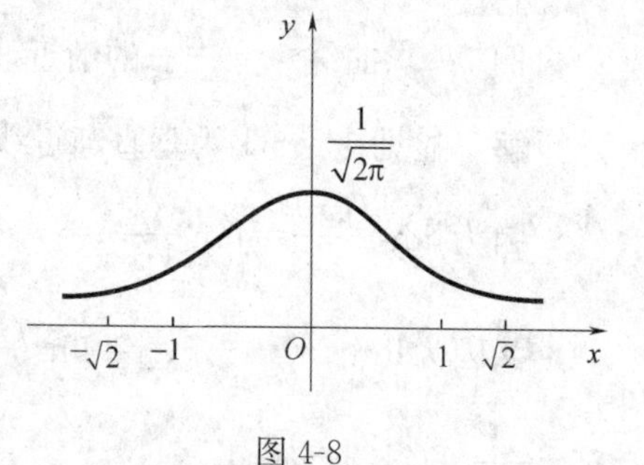

图 4-8

(4) 因 $\lim\limits_{x\to+\infty}\frac{1}{\sqrt{2\pi}}e^{-\frac{x^2}{2}}=0$，故有水平渐近线 $y=0$.

(5) $f(0)=\frac{1}{\sqrt{2\pi}},f(1)=\frac{1}{\sqrt{2\pi e}},f(2)=\frac{1}{\sqrt{2\pi}e^2}$，取辅助点 $\left(0,\frac{1}{\sqrt{2\pi}}\right)$，$\left(1,\frac{1}{\sqrt{2\pi e}}\right)$，$\left(2,\frac{1}{\sqrt{2\pi}e^2}\right)$，画出函数在 $[0,+\infty)$ 上的图形，再利用对称性便得到函数在 $(-\infty,0]$ 上的图形（图 4-8）.

例 8 中的函数是概率论与数理统计中用到的标准正态分布的密度函数.

注：表中记号"↓"表示下降上凸曲线；"↘"表示下降上凹曲线；"↗"表示上升上凹曲线；"↑"表示上升上凸曲线.

第六节　微分法在经济问题中的应用

在许多实际问题中，经常提出诸如投入最少、产出最多、成本最低、利润最高等问题，这类问题在数学上常归结为求一个函数（称为目标函数）的最大值或最小值问题.

一、函数在闭区间上的最大值与最小值

若 $f(x)$ 在闭区间 $[a,b]$ 上连续，由闭区间上连续函数的最值定理知 $f(x)$ 在 $[a,b]$ 上必取得最大值和最小值. 而最值可能在区间的端点取得，也可能在其内部取得，若在内部达到，该点必是极值点. 从而，可得到闭区间上连续最值的一般求法：

(1) 求 $f'(x)$.

(2) 求使 $f'(x)=0$ 点及 $f'(x)$ 不存在点的函数值，再求函数在端点的函数值.

(3) 比较 (2) 中所有函数值的大小，最大者为最大值，最小者为最小值.

例 1　求 $f(x)=2x^3+3x^2-12x+14$ 在 $[-3,4]$ 上的最大值和最小值.

解　$f'(x)=6x^2+6x-12=6(x-1)(x+2)$.

令 $f(x)=0$，得驻点 $x_1=1,x_2=-2$. 计算

$f(-3)=23,f(-2)=34,f(1)=7,f(4)=142$.

比较知：$f(x)$ 在 $x=4$ 处取得最大值 $f(4)=142$，在 $x=1$ 处最小值 $f(1)=7$.

下面两个结论在解实际应用问题时特别有用：

(1) 若求 $[a,b]$ 上连续 $f(x)$ 函数的最值，且在 (a,b) 内只有唯一的一个驻点 x_0，则 $f(x_0)$ 就是所求最值.

(2) 若 $f(x)$ 在 $[a,b]$ 上严格单调增加，则 $f(a)$ 为最小值，$f(b)$ 为最大值；若 $f(x)$ 在 $[a,b]$ 上严格单调减少，则 $f(a)$ 为最大值，$f(b)$ 为最小值.

下面举例说明微分法在经济学中的应用问题.

二、边际与边际分析

从上一章我们知道，若函数 $y=f(x)$ 可导，导函数 $f'(x)$ 称为函数 $y=f(x)$ 的变化

率，经济学中导函数也称为边际函数，$f'(x_0)$称为$f(x)$在点x_0处的边际函数值，它表示$f(x)$在点x_0处的变化速度．

在点x_0处，当x改变一个单位，即$|\Delta x|=1$（增加或减少一个单位）时，函数相应的改变量$\Delta y|_{\substack{x=x_0\\ \Delta x=1}}\approx \mathrm{d}y|_{\substack{x=x_0\\ \Delta x=1}}=f'(x)\Delta x|_{\substack{x=x_0\\ \Delta x=1}}=f'(x_0)$，因此，函数$y=f(x)$在$x_0$的边际函数值$f'(x_0)$表示$y=f(x)$在$x_0$处，当$x$改变一个单位时（增加或减少），函数$y$近似地改变了边际$f'(x_0)$个单位．

于是，在经济学中有如下定义：

定义 1　设函数$y=f(x)$可导，则称导函数$f'(x)$为$f(x)$的边际函数，称$f'(x_0)$称为$f(x)$在点x_0处的边际函数值，简称边际．

1. 成本、边际成本

某产品的总成本是指生产一定数量的产品所需要全部经济资源的投入费用的总额，一般可由固定成本和可变成本两部分组成．

平均成本是指生产一定数量产品时，平均每单位产品的成本．

边际成本即总成本的变化率．

设$C(Q)$为总成本，C_0为固定成本，$C_1(Q)$为可变成本，$\overline{C(Q)}$为平均成本，$C'(Q)$称为边际成本，Q为产量，则有

总成本函数$C(Q)=C_0+C_1(Q)$，平均成本函数$\overline{C(Q)}=\dfrac{C(Q)}{Q}$，边际成本有时用$MC$表示，即$MC=C'(Q)$．

例 2　一企业生产某产品的日生产能力为 500 台，每日耗费的总成本C（单位：千元）是日产量Q（单位：台）的函数：$C=C(Q)=400+2Q+5\sqrt{Q}$，$Q\in[0,500]$，

求：(1) 当产量 400 台时的总成本；

(2) 当产量 400 台时的平均成本；

(3) 当产量 400 台时增加到 484 台时总成本的平均变化率；

(4) 当产量 400 台时的边际成本．

解　(1) 当产量 400 台时的总成本为

$$C=C(400)=400+2\times 400+5\times\sqrt{400}=1300\text{ 千元}$$

(2) 当产量 400 台时的平均成本为

$$\bar{C}=\bar{C}(400)=\frac{C(400)}{400}=\frac{1300}{400}=3.25\text{ 千元/台}$$

(3) 当产量 400 台时增加到 484 时，总成本的平均变化率为

$$\frac{\Delta C}{\Delta x}=\frac{C(484)-C(400)}{484-400}=\frac{1478-1300}{84}\approx 2.119\text{ 千元/台}$$

(4) 总成本函数的边际成本函数为$C'(Q)=2+\dfrac{5}{2\sqrt{Q}}$

当产量 400 台时的边际成本为$C'(400)=2+\dfrac{5}{2\sqrt{400}}=2.125$ 千元/台

2. 收益、边际收益

总收益是指出售一定数量产品所得到的全部收益．

平均收益是指出售一定数量产品时，平均每出售单位产品所得到的收益，即为单位商品的售价．

边际收益即总收益的变化率．

设$R(Q)$为总成本，$\overline{R(Q)}$为平均成本，$R'(Q)$称为边际成本，p表示商品价格，Q表示销售量，则总收益函数$R(Q)=p\cdot Q$，平均收益函数$\overline{R(Q)}=\dfrac{R(Q)}{Q}$，边际收益有时用$MR$表示，即$MR=R'(Q)$.

例 3 设某产品的价格p与销售量Q的函数关系为$Q=60-3p$. 求销售量为 30 个单位时的总收益、平均收益与边际收益．

解 总收益函数为$R(Q)=p\cdot Q=\dfrac{60-Q}{3}\cdot Q=20Q-\dfrac{Q^2}{3}$

则$R(30)=\left(20-\dfrac{30}{3}\right)\cdot 30=300$

平均收益为$\overline{R}(30)=\dfrac{R(Q)}{Q}\bigg|_{Q=30}=\dfrac{300}{30}=10$

边际收益为$R'(Q)|_{x=30}=20-\dfrac{2}{3}Q\bigg|_{Q=30}=0$

3. 利润、边际利润

设$L(Q)$为总利润函数，则总利润函数为总收益与总成本之差，即$L(Q)=R(Q)-C(Q)$. 总利润函数数的导数$L'(Q)$称为边际利润，且$L'(Q)=R'(Q)-C'(Q)$，即边际利润为边际收益与边际成本之差．

例 4 某企业生产某种产品，每天的总利润L（单位：元）与产量Q（单位：t）的函数关系为$L(Q)=160Q-4Q^2$，求当每天生产量为 10t、20t、25t 时的边际利润，并解释所得结果的经济意义．

解 边际利润为$L'(Q)=160-8Q$

于是
$$L'(10)=80，L'(20)=0，L'(25)=-40$$
这表示在每天生产 10t 的基础上再增加一吨时，总利润将增加 80 元；在每天生产 20t 的基础上再增加一吨时，总利润没有增加；在每天生产 25t 的基础上再增加一吨时，总利润将减少 40 元．

此例说明，并非产量越多，利润就越高．当供大于求时，总利润反而要下降．由$L'(20)=0$，$L'(25)=-40<0$，所以，在每天生产 20t 时，利润达到最大值．

三、弹性与弹性分析

1. 函数的弹性

对于函数$y=f(x)$，Δx和Δy分别称为自变量的绝对改变量和函数的绝对改变量，而$f'(x)$称为函数$y=f(x)$的绝对变化率．但在实际中，仅仅研究函数的绝对改变量与绝对变化率是远不够的．例如，单价为 5 元的商品甲涨价 1 元，单价为 1000 元的商品乙也涨价 1 元，虽然两种商品单价的绝对改变量相同，但是它们各自与其原价相比涨价的幅度不一样，商品甲的涨幅为$\frac{1}{5}=20\%$，商品乙的涨幅为$\frac{1}{1000}=0.1\%$，为此，我们引进相对变化率的概念．

定义 2　设函数 $y=f(x)$在点 x_0 处可导，函数的相对改变量$\frac{\Delta y}{y_0}=\frac{f(x_0+\Delta x)-f(x_0)}{f(x_0)}$与自变量的相对改变量$\frac{\Delta x}{x_0}$之比即$\frac{\frac{\Delta y}{y_0}}{\frac{\Delta x}{x_0}}$称为函数 $f(x)$从 x_0 到 $x_0+\Delta x$ 两点之间的平均相对变化率，或称为两点间的弹性．

当 $\Delta x\to 0$ 时，因 $f(x)$在 x_0 可导，且$\frac{\frac{\Delta y}{y_0}}{\frac{\Delta x}{x_0}}=\frac{x_0}{y_0}\cdot\frac{\Delta y}{\Delta x}$的极限存在，称此极限为函数 $f(x)$在点 x_0 处的相对变化率，或称点弹性，记作 $\left.\frac{Ey}{Ex}\right|_{x=x_0}$ 或 $\frac{E}{Ex}f(x_0)$.

即
$$\left.\frac{Ey}{Ex}\right|_{x=x_0}=\lim_{\Delta x\to 0}\frac{\frac{\Delta y}{y_0}}{\frac{\Delta x}{x_0}}=\lim_{\Delta x\to 0}\frac{\Delta y}{\Delta x}\cdot\frac{x_0}{y_0}=f'(x_0)\cdot\frac{x_0}{f(x_0)}$$

对一般的 x，若 $f(x)$可导，则$\frac{Ey}{Ex}=\lim\limits_{\Delta x\to 0}\frac{\frac{\Delta y}{y}}{\frac{\Delta x}{x}}=\lim\limits_{\Delta x\to 0}\frac{\Delta y}{\Delta x}\cdot\frac{x}{y}=y'\cdot\frac{x}{y}$,称为函数 $y=f(x)$的弹性函数,也可记为$\frac{E}{Ex}f(x)$.

函数 $y=f(x)$在点 x 处的弹性$\frac{Ey}{Ex}$反映随着自变量 x 的变化，函数 $f(x)$变化幅度的大小，即 $f(x)$对 x 变化反应的强烈程度或灵敏度．

$\left.\frac{Ey}{Ex}\right|_{x=x_0}$ 反映了当 x 在 x_0 处产生 1% 的改变量时，函数 $y=f(x)$近似地改变 $\frac{E}{Ex}f(x_0)\%$. 在应用问题中解释弹性的具体意义时，常常略去“近似”二字．

值得说明的是，弹性的数值前的符号，表示自变量与函数变化的方向是否一致．例如，市场需求量对收益水平的弹性一般是正的，表示市场需求量与收益水平变化方向一致；而市场需求量对收益水平的弹性一般是负的，表示市场需求量与收益水平变化方向相反．

2. 需求弹性

定义 3 设某商品的市场需求量为 Q，价格为 p，需求函数 $Q=Q(p)$ 可导，则 $\frac{EQ}{Ep}=\left|\frac{p}{Q(p)}\cdot Q'(p)\right|$ 称为该商品的需求价格弹性，简称需求弹性，记为 $\eta(p)$.

由于在通常情况下，价格上升（下降）时，需求一般总是减少（增加），因此，需求弹性为 $\eta(p)=\frac{EQ}{Ep}=\frac{-p}{Q(p)}\cdot Q'(p)$，需求弹性 $\eta(p)$ 表示某商品的需求量 Q 对价格 p 变动反应的强弱程度．

当 $\eta(p)<1$ 时，表示需求变动的幅度小于价格变动的幅度，这时，商品价格的变动对需求的影响不大，称为低弹性；当 $\eta(p)>1$ 时，称为高弹性．

在市场经济中，商品经营者关心的是：提价 $(\Delta p>0)$ 或降价 $(\Delta p<0)$ 对销售总收益的影响．利用需求弹性的概念，可以得出价格变动如何影响销售收益结论．下面用需求弹性分析价格变动时引起收益（或市场销售总额）的变化规律．

收益函数 R 是商品价格 p 与销售 Q 的乘积，即 $R=p\cdot Q(p)$，于是

$$R'=Q(p)+pQ'(p)=Q(p)\left[1+\frac{p}{Q(p)}Q'(p)\right]=Q(p)[1-\eta(p)]$$

由上式可知：当 $\eta(p)>1$ 即高弹性时，有 $R'<0$，所以，降价可使收益增加，这便是薄利多销多收益的道理．反之，提价将使收益下降．当 $\eta(p)<1$ 即低弹性时，有 $R'>0$,所以，降价可使收益下降，而提价将使收益下降增加．

例 5 已知某商品的需求函数 $Q=\mathrm{e}^{-\frac{p}{10}}$，求 $p=5$、$p=10$、$p=15$ 时的需求弹性并说明其意义．

解 由于 $Q'=-\frac{1}{10}\mathrm{e}^{-\frac{p}{10}}$

需求弹性函数为
$$\eta(p)=-f'(p)\cdot\frac{p}{Q}=\frac{1}{10}\mathrm{e}^{-\frac{p}{10}}\cdot\frac{p}{\mathrm{e}^{-\frac{p}{10}}}=\frac{p}{10}$$

因此

$\eta(5)=0.5$，说明当 $p=5$ 时，价格上涨 1%，需求只减少 0.5%；

$\eta(10)=1$，说明当 $p=10$ 时，价格与需求的变化幅度相同；

$\eta(15)=1.5$，说明当 $p=15$ 时，价格上涨 1%，需求减少 1.5%.

例 6 某工厂生产某产品，年产量为 Q（单位：百台），总成本为 $C(Q)$（单位：万元），其中固定成本为 2 万元，每生产 1 百台、成本增加 1 万元．市场上每年可销售此种商品 4 百台，其总收益 R 是 Q 的函数：

$$R=R(Q)=\begin{cases}4Q-\frac{1}{2}Q^2, & 0\leqslant Q\leqslant 4\\ 8, & Q>4\end{cases}$$

问每年生产多少台，能使利润 $L=R(Q)-C(Q)$ 最大．

解　总成本 $C(Q)$是 Q 的函数 $C(Q)=2+Q$，则总利润函数为

$$L=R(Q)-C(Q)=\begin{cases}3Q-\dfrac{1}{2}Q^2-2, & 0\leqslant Q\leqslant 4\\ 6-Q, & Q>4\end{cases}$$

求导数得 $L'(Q)=\begin{cases}3-Q, & 0\leqslant Q\leqslant 4\\ -1, & Q>4\end{cases}$

令 $L'(Q)=0$，得 $Q=3$，又因 $L''(3)<0$，

所以 $L(3)=2.5$ 为极大值，也是最大值．即每年生产 3 百台，此时，最大总利润为 2.5 万元．

习 题 四

(A)

1. 验证函数 $f(x)=\ln(\sin x)$ 在 $\left[\frac{\pi}{6},\frac{5\pi}{6}\right]$ 上满足罗尔定理的条件，并求出相应的 ξ，使 $f'(\xi)=0$.

2. 下列函数在指定区间上是否满足罗尔定理的三个条件？有没有满足定理结论中的 ξ？

(1) $f(x)=e^{x^2}-1,[-1,1]$；

(2) $f(x)=\begin{cases}\sin x, 0<x\leqslant\pi \\ 1, x=0\end{cases}$.

3. 不用求出函数 $f(x)=(x-1)(x-2)(x-3)(x-4)$ 的导数，说明方程 $f'(x)=0$ 有几个实根，并指出它们所在的区间.

4. 证明下列不等式：

(1) $|\arctan x-\arctan y|\leqslant|x-y|$；

(2) 当 $x>1$ 时，$e^x>e\cdot x$.

5. 已知函数 $f(x)$ 在 $[a,b]$ 上连续，在 (a,b) 内可导，且 $f(a)=f(b)=0$，试证：在 (a,b) 内至少存在一点 ξ，使得

$$f(\xi)+f'(\xi)=0,\ \xi\in(a,b)$$

6. 设 $f(x)$ 在 $[0,1]$ 上可导，当 $0\leqslant x\leqslant 1$ 时，$0\leqslant f(x)\leqslant 1$，且对于 $(0,1)$ 内所有 x 有 $f'(x)\neq 1$，求证在 $[0,1]$ 上有且仅有一个 x_0，使 $f(x_0)=x_0$.

7. 若方程 $a_0x^n+a_1x^{n-1}+\cdots a_{n-1}x=0$ 有一个正根 x_0，证明方程 $a_0nx^{n-1}+a_1(n-1)x^{n-2}+\cdots+a_{n-1}=0$ 必有一个小于 x_0 的正根.

8. 利用洛必达法则求下列极限：

(1) $\lim\limits_{x\to\pi}\dfrac{\sin 3x}{\tan 5x}$；

(2) $\lim\limits_{x\to 0}\dfrac{e^x-e^{-x}}{\sin x}$；

(3) $\lim\limits_{x\to a}\dfrac{x^m-a^m}{x^n-a^n},(x\neq a)$；

(4) $\lim\limits_{x\to a}\dfrac{\sin x-\sin a}{x-a}$；

(5) $\lim\limits_{x\to 0^+}\dfrac{\ln\tan 7x}{\ln\tan 2x}$；

(6) $\lim\limits_{x\to+\infty}x\left(\dfrac{\pi}{2}-\arctan x\right)$；

(7) $\lim\limits_{x\to+\infty}\dfrac{\ln\left(1+\dfrac{1}{x}\right)}{\operatorname{arccot} x}$；

(8) $\lim\limits_{x\to 1}\left(\dfrac{x}{x-1}-\dfrac{1}{\ln x}\right)$；

(9) $\lim\limits_{x\to 0}(1+\tan x)^{\frac{1}{x}}$；

(10) $\lim\limits_{x\to 0}\left(\dfrac{3-e^x}{2+x}\right)^{\csc x}$.

9. 设$\lim\limits_{x\to 1}\dfrac{x^2+mx+n}{x-1}=5$，求常数$m$，$n$的值．

10. 验证极限$\lim\limits_{x\to\infty}\dfrac{x+\sin x}{x}$存在，但不能由洛必达法则得出．

11. 按$(x-4)$的乘幂展开多项式$f(x)=x^4-5x^3+x^2-3x+4$.

12. 应用麦克劳林公式，按x的乘幂展开函数$f(x)=(x^2-3x+1)^3$.

13. 求函数$f(x)=xe^{-x}$带皮亚诺型余项的马克劳林公式．

14. 利用泰勒公式求$\lim\limits_{x\to 0}\dfrac{x-\sin x}{x^3}$的极限：

15. 求下面函数的单调区间与极值：

(1) $f(x)=2x^3-6x^2-18x-7$；　　(2) $f(x)=x-\ln(1+x)$；

(3) $f(x)=(x-4)\sqrt[3]{(x+1)^2}$.

16. 试证方程$\sin x=x$只有一个根．

17. 已知$f(x)$在$[0,+\infty)$上连续，若$f(0)=0$，$f'(x)$在$[0,+\infty)$内存在且单调增加，证明$\dfrac{f(x)}{x}$在$(0,+\infty)$内也单调增加．

18. 证明下列不等式：

(1) $1+\dfrac{1}{2}x>\sqrt{1+x},x>0$；　　(2) $x-\dfrac{x^2}{2}<\ln(1+x)<x,x>0$；

(3) 当$0<x<\dfrac{\pi}{2}$时，$\sin x+\tan x>2x$.

19. 试问a为何值时，$f(x)=a\sin x+\dfrac{1}{3}\sin 3x$在$x=\dfrac{\pi}{3}$处取得极值？是极大值还是极小值？并求出此极值．

20. 讨论下列函数的凹凸性，并求曲线的拐点：

(1) $y=2x^3+3x^2-12x+14$；　　(2) $y=\ln(1+x^2)$；

(3) $y=e^{\arctan x}$；　　(4) $y=(x+1)^4+e^x$.

21. 当a,b为何值时，点$(1,3)$为曲线$y=ax^3+bx^2$的拐点．

22. 求曲线$y=\dfrac{x^3}{(x-1)^2}$的渐近线：

23. 作出下列函数的图形：

(1) $f(x)=\dfrac{x}{1+x^2}$；　　(2) $f(x)=x-2\arctan x$；

(3) $f(x)=2xe^{-x},x\in(0,+\infty)$.

24. 求$f(x)=x^4-8x^2+2$在$[-1,3]$上的最大值和最小值．

25. 设$f(x)=xe^x$，求它在定义域上的最大值和最小值．

26. 已知某产品的总成本函数和总收益函数分别为

$$C(x)=5+2\sqrt{x}；R(x)=\frac{5x}{x+2}$$

其中x味该产品的销售量，求该产品的边际成本、边际收益和边际利润．

27. 已知某产品的总收益函数和总成本函数分别为

$$R(Q)=33Q-4Q^2\text{；}C(Q)=Q^3-9Q^2+36Q+6$$

求利润最大时的产量，产品的价格和利润．

28. 求函数 $y=50\mathrm{e}^{4x}$ 的弹性函数 $\frac{Ey}{Ex}$ 及 $\left.\frac{Ey}{Ex}\right|_{x=3}$．

29. 某公司销售某商品 5000 台，每次进货费用为 40 元，单价为 200 元，年保管费用率为 20%，求最优订购批量．

(B)

1. 设 $a>b>0,n>1$，证明：$nb^{n-1}(a-b)<a^n-b^n<na^{n-1}(a-b)$.

2. 当 $0<a<b$ 时，证明：$\frac{b-a}{1+b^2}<\arctan b-\arctan a<\frac{b-a}{1+a^2}$.

3. 利用洛必达法则求下列极限：

(1) $\lim\limits_{x\to+\infty}(x+\sqrt{1+x^2})^{\frac{1}{\ln x}}$；　　(2) $\lim\limits_{x\to 0}\left[\frac{1}{\mathrm{e}}(1+x)^{\frac{1}{x}}\right]^{\frac{1}{x}}$；

(3) $\lim\limits_{x\to 0}\frac{\mathrm{e}^x-x-1}{x(\mathrm{e}^x-1)}$；　　(4) $\lim\limits_{x\to+\infty}\left(\frac{2}{\pi}\arctan x\right)^x$.

4. 讨论函数

$$f(x)=\begin{cases}\left[\dfrac{(1+x)^{\frac{1}{x}}}{\mathrm{e}}\right]^{\frac{1}{x}},x>0\\ \mathrm{e}^{-\frac{1}{2}},x\leqslant 0\end{cases}$$

在点 $x=0$ 处的连续性．

5. 设 $f(x)$具有二阶连续导数，且 $f(0)=0$，试证

$$g(x)=\begin{cases}\dfrac{f(x)}{x}, & x\neq 0\\ f'(0), & x=0\end{cases}$$

可导，且导函数连续．

6. 利用泰勒公式求下列极限：

(1) $\lim\limits_{x\to 0}\frac{\mathrm{e}^{-\frac{x^2}{2}}-\cos x}{x(x-\sin x)}$；　　(2) $\lim\limits_{x\to\infty}\left[x-x^2\ln\left(1+\frac{1}{x}\right)\right]$.

7. 证明下列不等式：

(1) $\frac{2x}{\pi}<\sin x<x$，$x\in\left(0,\frac{\pi}{2}\right)$；

(2) 当 $x>0$ 时，$1+x\ln(x+\sqrt{1+x^2})>\sqrt{1+x^2}$.

8. 讨论方程 $\ln x=ax$(其中 $a>0$)有几个实根．

9. 求曲线 $y=x\mathrm{e}^{\frac{1}{x^2}}$ 的渐近线．

10. 利用函数的凸性证明下列不等式：

(1) $\frac{e^x+e^y}{2}>e^{\frac{x+y}{2}}$　$(x\neq y)$；

(2) $x\ln x+y\ln y>(x+y)\ln\frac{x+y}{2}$　$(x>0, y>0, x\neq y)$.

11. 试讨论函数 $y=|xe^{-x}|$ 的连续区间、可导区间，单调性、凹凸性，并求函数的极值，拐点和渐近线.

12. 设可导函数 $y=f(x)$ 由方程 $x^3-3xy^2+2y^3=32$ 所确定，试讨论并求出 $f(x)$ 的极值.

13. 设某产品的成本函数为 $C=aq^2+bq+c$，需求函数为 $q=\frac{1}{e}(d-p)$，其中 C 为成本，q 为需求量（即产量），p 为单价，b,c,d,e 都是正的常数，且 $d>b$，求：

(1) 利润最大时的产量及最大利润；

(2) 需求对价格的弹性；

(3) 需求对价格弹性的绝对值为 1 的产量.

第五章 不定积分

在微分学中，我们已经解决了求已知函数的导数（或微分）的问题，但在许多科学技术和工程计算中常常遇到相反的问题，就是已知某一个函数的导数（或微分），要求出这个函数．这就是函数的积分学——不定积分.

第一节 不定积分的概念与性质

一、原函数与不定积分的概念

定义 1 设函数 $f(x)$、$F(x)$在区间 I 上有定义，如果对于 I 上任一点 x，都有 $F'(x)=f(x)$或 $dF(x)=f(x)dx$，那么称 $F(x)$是 $f(x)$在区间 I 上的一个原函数．

例如，因为$(x^3)'=3x^2$，所以 x^3 是 $3x^2$ 的一个原函数．

因为$(\arcsin x)'=\frac{1}{\sqrt{1-x^2}}$，所以 $\arcsin x$ 是$\frac{1}{\sqrt{1-x^2}}$的一个原函数．我们自然会想到$\frac{1}{\sqrt{1-x^2}}$还有没有其他形式的原函数？显然，$(\arcsin x+\pi)'=\frac{1}{\sqrt{1-x^2}}$，所以 $\arcsin x+\pi$ 也是$\frac{1}{\sqrt{1-x^2}}$的一个原函数．对于任意常数 C，总有$(\arcsin x+C)'=\frac{1}{\sqrt{1-x^2}}$，所以 $\arcsin x+C$也是$\frac{1}{\sqrt{1-x^2}}$的原函数. 由此可见，原函数并不是唯一的．若不唯一，各原函数之间存在什么关系?

关于原函数，有三个基本问题需要解决：第一，满足什么条件的函数具有原函数? 第二，若原函数存在，它是否唯一? 若不唯一，各原函数之间存在什么关系? 第三，在原函数存在的前提下，如何求出原函数?

下面对这三个问题逐一作出说明．

（1）对第一个问题，我们先给出一个原函数存在的充分条件，其证明放到下一章．

定理 1 （原函数存在定理）若函数 $f(x)$在区间 I 上连续，则在区间 I 上一定存在可导函数 $F(x)$，使得对于任意 $x\in I$，都有 $F'(x)=f(x)$.

简言之，连续函数一定存在原函数．

由于初等函数在其定义区间内都是连续的，故初等函数在其定义区间内都有原函数.

（2）对第二个问题，我们给出以下定理．

定理 2 若 $F(x)$ 是 $f(x)$ 在区间 I 上的一个原函数，则 $F(x)+C$ 也是 $f(x)$ 的原函数，并且 $f(x)$ 的所有原函数都包含在 $F(x)+C$ (C 为任意常数)之中．

证 第一结论显然成立，事实上 $[F(x)+C]'=F'(x)+C'=f(x)$．

下面证明第二个结论：

设 $\varphi(x)$ 是函数 $f(x)$ 的另一个原函数，即 $\varphi'(x)=f(x)$，又 $F'(x)=f(x)$，所以 $[\varphi(x)-F(x)]'=\varphi'(x)-F'(x)=f(x)-f(x)=0$，从而 $\varphi(x)-F(x)=C$，于是 $\varphi(x)=F(x)+C$. 这就是说 $f(x)$ 的任一个原函数都可以表示成 $F(x)+C$ 的形式，从而证明了第二个结论．

定义 2 在区间 I 上，称函数 $f(x)$ 的带有任意常数项的原函数为 $f(x)$ 在区间 I 上的不定积分，记作

$$\int f(x)\mathrm{d}x$$

其中记号 $\int$ 称为积分号，$f(x)$ 称为被积函数，$f(x)\mathrm{d}x$ 称为被积表达式，x 称为积分变量．

由定义 2 可知，若函数 $F(x)$ 是 $f(x)$ 在区间 I 上的一个原函数，则 $\int f(x)\mathrm{d}x=F(x)+C$. 其中，$C$ 称为积分常数．

进一步由不定积分的定义可知，我们计算不定积分 $\int f(x)\mathrm{d}x$，只要求出 $f(x)$ 的一个原函数 $F(x)$，再加上积分常数 C 即可．我们将在以后陆续介绍计算不定积分的各种方法.

例 1 求 $\int x^2\mathrm{d}x$．

解 由于 $\left(\frac{x^3}{3}\right)'=x^2$，故 $\frac{x^3}{3}$ 为 x^2 的一个原函数，所以

$$\int x^2\mathrm{d}x=\frac{x^3}{3}+C$$

例 2 求 $\int\frac{1}{x}\mathrm{d}x$．

解 当 $x>0$ 时，$(\ln x)'=\frac{1}{x}$，当 $x<0$ 时，$[\ln(-x)]'=\frac{1}{-x}(-1)=\frac{1}{x}$，所以，当 $x\neq0$，$\ln|x|$ 为 $\frac{1}{x}$ 的一个原函数，因此

$$\int\frac{1}{x}\mathrm{d}x=\ln|x|+C$$

例 3 设曲线过点 $(1,2)$，且其上任一点 $P(x,y)$ 处的切线斜率等于这点横坐标的两倍，求此曲线方程．

解 设所求的曲线方程为 $y=F(x)$，由题意及导数的几何意义知 $\frac{\mathrm{d}y}{\mathrm{d}x}=2x$，即 $F'(x)=2x$. 所以 $F(x)=x^2+C$，即曲线方程为 $y=x^2+C$. 由于曲线过点 $(1,2)$，将该点坐标代

入方程，解得 $C=1$，

于是，所求曲线方程为 $y=x^2+1$.

函数 $f(x)$ 的原函数的图形称为 $f(x)$ 的积分曲线. 本例即求函数 $2x$ 通过点 $(1,2)$ 的那条积分曲线. 这条积分曲线可以由另一条积分曲线（例如 $y=x^2$）经 y 轴方向平移而得（图 5-1）.

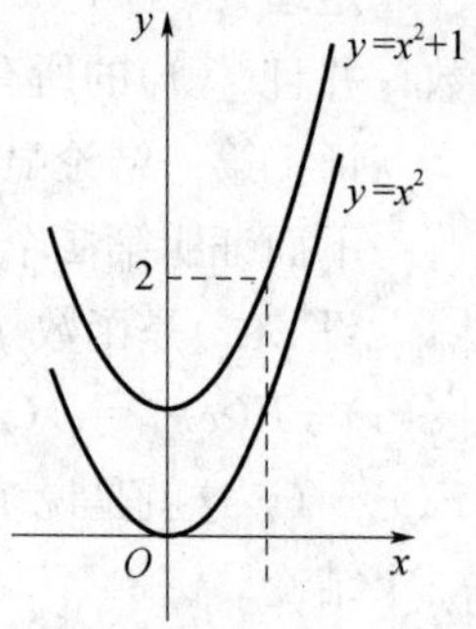

设 $F(x)$ 是函数 $f(x)$ 的一个原函数，则曲线 $y=F(x)$ 称为 $f(x)$ 的一条积分曲线，于是，$f(x)$ 的不定积分在几何上表现为 $f(x)$ 的某一条积分曲线沿 y 轴方向上下平移所得到的曲线族.

图 5-1

由不定积分 $\int f(x)\mathrm{d}x$ 的定义，可得

$$\frac{\mathrm{d}}{\mathrm{d}x}\left[\int f(x)dx\right]=f(x)\text{或 }\mathrm{d}\left[\int f(x)\mathrm{d}x\right]=f(x)\mathrm{d}x$$

反之，由于 $F(x)$ 是 $F'(x)$ 的一个原函数，故

$$\int F'(x)\mathrm{d}x=F(x)+C\text{ 或 }\int \mathrm{d}F(x)=F(x)+C$$

由此可见，微分运算（以记号 d 表示）与求不定积分的运算（以记号 $\int$ 表示）是互逆的. 当记号 d 与 $\int$ 连在一起时，二者或者抵消，或者抵消后相差一个常数.

二、基本积分表

既然积分运算是微分运算的逆运算，那么很自然地可以从导数公式得到相应的积分公式.

(1) $\int k\mathrm{d}x=kx+C$ （k 是常数）

(2) $\int x^{\mu}\mathrm{d}x=\frac{x^{\mu+1}}{\mu+1}+C$ （$\mu\neq-1$）

(3) $\int\frac{\mathrm{d}x}{x}=\ln|x|+C$

(4) $\int\frac{\mathrm{d}x}{1+x^2}=\arctan x+C$

(5) $\int\frac{\mathrm{d}x}{\sqrt{1-x^2}}=\arcsin x+C$

(6) $\int\cos x\mathrm{d}x=\sin x+C$

(7) $\int\sin x\mathrm{d}x=-\cos x+C$

(8) $\int\frac{\mathrm{d}x}{\cos^2 x}=\int\sec^2 x\mathrm{d}x=\tan x+C$

(9) $\int\frac{\mathrm{d}x}{\sin^2 x}=\int\csc^2 x\mathrm{d}x=-\cot x+C$

(10) $\int\sec x\tan x\mathrm{d}x=\sec x+C$

(11) $\int \csc x \cot x \mathrm{d}x = -\csc x + C$

(12) $\int \mathrm{e}^x \mathrm{d}x = \mathrm{e}^x + C$

(13) $\int a^x \mathrm{d}x = \dfrac{a^x}{\ln a} + C$

以上十三个基本积分公式是求不定积分的基础，必须熟记．因为其他函数的积分往往通过对被积函数适当的变形，最后归结为以上这些基本不定积分．

例 4　求 $\int \dfrac{1}{x^4}\mathrm{d}x$．

解　$\int \dfrac{1}{x^4}\mathrm{d}x = \int x^{-4}\mathrm{d}x = \dfrac{1}{-4+1}x^{-4+1} + C$

$= -\dfrac{1}{3x^3} + C.$

例 5　求 $\int x\sqrt{x}\,\mathrm{d}x$．

解　$\int x\sqrt{x}\,\mathrm{d}x = \int x^{\frac{3}{2}}\mathrm{d}x = \dfrac{1}{\frac{3}{2}+1}x^{\frac{3}{2}+1} + C$

$= \dfrac{2}{5}x^{\frac{5}{2}} + C$

例 6　求 $\int \mathrm{e}^x 3^x \mathrm{d}x$．

解　$\int \mathrm{e}^x 3^x \mathrm{d}x = \int (3\mathrm{e})^x \mathrm{d}x = \dfrac{1}{\ln(3\mathrm{e})}(3\mathrm{e})^x + C$

$= \dfrac{3^x \mathrm{e}^x}{1+\ln 3} + C$

三、不定积分的性质

根据不定积分的定义，可以很容易地推出以下两个性质：

性质 1　两个函数和（差）的不定积分等于其不定积分的和（差），即

$$\int [f(x) \pm g(x)]\mathrm{d}x = \int f(x)\mathrm{d}x \pm \int g(x)\mathrm{d}x$$

此性质对任意有限个函数都是成立的．

性质 2　不为零的常数因子可以提到积分号的外面，即

$$\int kf(x)\mathrm{d}x = k\int f(x)\mathrm{d}x \qquad (k \neq 0)$$

利用基本的积分表以及不定积分的两个性质，可以求出一些简单函数的不定积分．

例 7　求 $\int \sqrt{x}(x^2 - 5)\mathrm{d}x$．

解　$\int \sqrt{x}(x^2 - 5)\mathrm{d}x = \int (\sqrt{x}x^2 - 5\sqrt{x})\mathrm{d}x$

$$=\int(x^{\frac{5}{2}}-5x^{\frac{1}{2}})\mathrm{d}x=\int x^{\frac{5}{2}}\mathrm{d}x-5\int x^{\frac{1}{2}}\mathrm{d}x$$

$$=\frac{2}{7}x^{\frac{7}{2}}-\frac{10}{3}x^{\frac{3}{2}}+C$$

例 8 求 $\int\frac{x^2}{1+x^2}\mathrm{d}x$.

解 $\int\frac{x^2}{1+x^2}\mathrm{d}x=\int(1-\frac{1}{1+x^2})\mathrm{d}x$

$$=\int\mathrm{d}x-\int\frac{1}{1+x^2}\mathrm{d}x=x-\arctan x+C$$

例 9 求 $\int\frac{(x-1)^3}{x}\mathrm{d}x$.

解 $\int\frac{(x-1)^3}{x}\mathrm{d}x=\int\frac{x^3-3x^2+3x-1}{x}\mathrm{d}x$

$$=\int(x^2-3x+3-\frac{1}{x})\mathrm{d}x$$

$$=\int x^2\mathrm{d}x-3\int x\mathrm{d}x+3\int\mathrm{d}x-\int\frac{1}{x}\mathrm{d}x$$

$$=\frac{1}{3}x^3-\frac{3}{2}x^2+3x-\ln|x|+C$$

例 10 求 $\int\cos^2\frac{x}{2}\mathrm{d}x$.

解 $\int\cos^2\frac{x}{2}\mathrm{d}x=\int\frac{1+\cos x}{2}\mathrm{d}x=\int(\frac{1}{2}+\frac{1}{2}\cos x)\mathrm{d}x$

$$=\frac{1}{2}\int\mathrm{d}x+\frac{1}{2}\int\cos x\mathrm{d}x=\frac{1}{2}x+\frac{1}{2}\sin x+C$$

例 11 求 $\int\tan^2x\mathrm{d}x$.

解 $\int\tan^2x\mathrm{d}x=\int(\sec^2x-1)\mathrm{d}x$

$$=\int\sec^2x\mathrm{d}x-\int\mathrm{d}x=\tan x-x+C$$

第二节　换元积分法

利用不定积分性质及基本积分表，我们可以求出一些较复杂函数的不定积分，但是还有许多常见函数的不定积分不能解决，如 $\int\mathrm{e}^{2x}\mathrm{d}x$, $\int x\mathrm{e}^{x^2}\mathrm{d}x$, $\int\sqrt{1-x^2}\mathrm{d}x$, $\int\sqrt{1+x^2}\mathrm{d}x$ 等.

因此，需要进一步寻找求不定积分的方法，以便求出更多函数的不定积分．本节将复合函数的微分法反过来应用，利用变量代换求不定积分，这种方法称为换元积分法．换元积分法分为两类，分别称为第一类换元积分法和第二类换元积分法．

一、第一类换元积分法

如果积分 $\int g(x)\mathrm{d}x$ 可化为 $\int f[\varphi(x)]\varphi'(x)\mathrm{d}x$ 的形式，且设 $f(u)$ 有原函数 $F(u)$，$u=\varphi(x)$

可导，即$\int f(u)\mathrm{d}u = F(u) + C$，则有$\int g(x)\mathrm{d}x = \int f[\varphi(x)]\varphi'(x)\mathrm{d}x = \int f(u)\mathrm{d}u = F(u) + C = F[\varphi(x)] + C$.

于是有如下的定理：

定理 1　（第一类换元积分法）设 $f(u)$具有原函数 $F(u)$，$u=\varphi(x)$是可导函数，则有换元积分公式

$$\int f[\varphi(x)]\varphi'(x)\mathrm{d}x = \int f(u)\mathrm{d}u = F(u) + C = F[\varphi(x)] + C \tag{1}$$

如何利用公式（1）来计算不定积分呢？设$\int g(x)\mathrm{d}x$ 是所要计算的不定积分，若 $g(x)$可以表示为 $g(x)=f[\varphi(x)]\varphi'(x)$的形式，且$\int f(u)\mathrm{d}u$ 比较容易求出，则可利用公式（1）来求不定积分. 这种方法称为第一换元积分法（或称之为凑微分法).

例 1　求$\int \frac{1}{1+x}\mathrm{d}x$.

解　被积函数$\frac{1}{1+x}$是$\frac{1}{u}$与$u=1+x$ 的复合函数，因此作变换 $u=1+x$，便有

$$\begin{aligned}\int \frac{1}{1+x}\mathrm{d}x &= \int \frac{1}{1+x}(1+x)'\mathrm{d}x = \int \frac{1}{1+x}\mathrm{d}(1+x)\\ &= \int \frac{1}{u}\mathrm{d}u = \ln|u| + C\\ &= \ln|1+x| + C\end{aligned}$$

一般地，对于积分$\int f(ax+b)\mathrm{d}x(a\neq 0)$，可以作变换 $u=ax+b$，将积分式化为

$$\int f(ax+b)\mathrm{d}x = \int \frac{1}{a}f(ax+b)(ax+b)'\mathrm{d}x = \frac{1}{a}\int f(u)\mathrm{d}u$$

例 2　求$\int \frac{1}{\sqrt{1+3x}}\mathrm{d}x$.

解　被积函数$\frac{1}{\sqrt{1+3x}}$是$\frac{1}{\sqrt{u}}$与$u=1+3x$ 的复合函数，因此作变换 $u=1+3x$，便有

$$\begin{aligned}\int \frac{1}{\sqrt{1+3x}}\mathrm{d}x &= \int \frac{1}{\sqrt{1+3x}}\,\frac{1}{3}(1+3x)'\mathrm{d}x = \frac{1}{3}\int \frac{1}{\sqrt{1+3x}}\mathrm{d}(1+3x)\\ &= \frac{1}{3}\int \frac{1}{\sqrt{u}}\mathrm{d}u = \frac{1}{3}\int u^{-\frac{1}{2}}\mathrm{d}u\\ &= \frac{2}{3}u^{\frac{1}{2}} + C = \frac{2}{3}\,(1+x)^{\frac{1}{2}} + C\end{aligned}$$

例 3　求$\int 2\cos 2x\mathrm{d}x$.

解　被积函数 $\cos 2x$ 是 $\cos u$ 与$u=2x$的复合函数，常数因子 2 恰好是中间变量 $u=2x$的导数，故可作变量代换 $u=2x$，便有

$$\begin{aligned}\int 2\cos 2x\mathrm{d}x &= \int \cos 2x\cdot(2x)'\mathrm{d}x = \int \cos u\mathrm{d}u.\\ &= \sin u + C = \sin 2x + C\end{aligned}$$

例 4 求$\int 3x^2 e^{x^3} dx$.

解 被积函数可以视作 $e^{x^3}\cdot(x^3)'$，故可作变量代换 $u=x^3$，则有

$$\int 3x^2 e^{x^3} dx = \int e^{x^3}\cdot(x^3)' dx = \int e^u du$$
$$= e^u + C = e^{x^3} + C$$

对变量代换比较熟悉以后，可以不写出中间变量，直接凑微分进行运算.

例 5 求$\int \tan x dx$.

解 $\int \tan x dx = \int \frac{\sin x}{\cos x} dx = -\int \frac{1}{\cos x} d(\cos x)$

$$= -\ln|\cos x| + C$$

类似地可得 $\int \cot x dx = \ln|\sin x| + C.$

例 6 求$\int \frac{1}{a^2+x^2} dx (a>0)$.

解 $\int \frac{1}{a^2+x^2} dx = \int \frac{1}{a^2}\cdot\frac{1}{1+\left(\frac{x}{a}\right)^2} dx = \frac{1}{a}\int \frac{1}{1+\left(\frac{x}{a}\right)^2} d\left(\frac{x}{a}\right) = \frac{1}{a}\arctan\frac{x}{a} + C$

在上例中，我们实际上已经用了变量代换 $u=\frac{x}{a}$，并在求出积分 $\frac{1}{a}\int \frac{1}{1+u^2} du$ 之后，代回了原积分变量 x，只是没有把这些步骤写出来而已.

例 7 求$\int \frac{1}{\sqrt{a^2-x^2}} dx\ (a>0)$.

解 $\int \frac{1}{\sqrt{a^2-x^2}} dx = \int \frac{1}{a}\cdot\frac{dx}{\sqrt{1-\left(\frac{x}{a}\right)^2}} = \int \frac{d\left(\frac{x}{a}\right)}{\sqrt{1-\left(\frac{x}{a}\right)^2}}$

$$= \arcsin\frac{x}{a} + C$$

例 8 求$\int \frac{1}{x^2-a^2} dx (a>0)$.

解 由于 $\frac{1}{x^2-a^2} = \frac{1}{2a}\left(\frac{1}{x-a} - \frac{1}{x+a}\right)$

所以 $\int \frac{1}{x^2-a^2} dx = \frac{1}{2a}\int\left(\frac{1}{x-a} - \frac{1}{x+a}\right) dx$

$$= \frac{1}{2a}\left(\int \frac{1}{x-a} dx - \int \frac{1}{x+a} dx\right)$$
$$= \frac{1}{2a}\left[\int \frac{1}{x-a} d(x-a) - \int \frac{1}{x+a} d(x+a)\right]$$
$$= \frac{1}{2a}(\ln|x-a| - \ln|x+a|) + C$$
$$= \frac{1}{2a}\ln\left|\frac{x-a}{x+a}\right| + C$$

例 9　求$\int \sec x \mathrm{d}x$.

解　解法 1　应用例 8 的结果，有

$$\int \sec x \mathrm{d}x = \int \frac{1}{\cos x}\mathrm{d}x = \int \frac{\cos x}{\cos^2 x}\mathrm{d}x = \int \frac{1}{1-\sin^2 x}\mathrm{d}\sin x = \frac{1}{2}\ln\left|\frac{\sin x+1}{\sin x-1}\right|+C$$

解法 2　$\int \sec x \mathrm{d}x = \int \frac{\sec x(\sec x+\tan x)}{\sec x+\tan x}\mathrm{d}x = \int \frac{\mathrm{d}(\sec x+\tan x)}{\sec x+\tan x} = \ln|\sec x+\tan x|+C$

注意　例 9 用两种不同的方法求出的积分形式不同，但是可以通过三角变换把它们统一起来.

类似地，可得$\int \csc x \mathrm{d}x = \ln|\csc x-\cot x|+C$.

下面再举几个被积函数中含三角函数的例子.

例 10　求$\int \sin^3 x\cos^2 x \mathrm{d}x$.

解

$$\begin{aligned}\int \sin^3 x\cos^2 x\mathrm{d}x &= -\int \sin^2 x\cos^2 x\mathrm{d}\cos x\\ &= -\int (1-\cos^2 x)\cos^2 x\mathrm{d}\cos x\\ &= -\int (\cos^2 x-\cos^4 x)\mathrm{d}\cos x\\ &= -\frac{1}{3}\cos^3 x+\frac{1}{5}\cos^5 x+C\end{aligned}$$

例 11　求$\int \sin^2 x\cos^2 x\mathrm{d}x$.

解

$$\begin{aligned}\int \sin^2 x\cos^2 x\mathrm{d}x &= \int \frac{1-\cos 2x}{2}\cdot\frac{1+\cos 2x}{2}\mathrm{d}x\\ &= \frac{1}{4}\int (1-\cos^2 2x)\mathrm{d}x = \frac{1}{4}\int \left(1-\frac{1+\cos 4x}{2}\right)\mathrm{d}x\\ &= \frac{1}{8}\int (1-\cos 4x)\mathrm{d}x\\ &= \frac{1}{8}x-\frac{1}{32}\sin 4x+C\end{aligned}$$

例 12　求$\int \sec^6 x\mathrm{d}x$.

解

$$\begin{aligned}\int \sec^6 x\mathrm{d}x &= \int (\sec^2 x)^2\sec^2 x\mathrm{d}x = \int (1+\tan^2 x)^2\mathrm{d}(\tan x)\\ &= \int (1+2\tan^2 x+\tan^4 x)\mathrm{d}(\tan x)\\ &= \tan x+\frac{2}{3}\tan^3 x+\frac{1}{5}\tan^5 x+C\end{aligned}$$

例 13　求$\int \tan^5 x\sec^3 x\mathrm{d}x$.

解　$\int \tan^5 x\sec^3 x\mathrm{d}x = \int \tan^4 x\sec^2 x\sec x\tan x\mathrm{d}x$

$$=\int(\sec^2 x-1)^2\sec^2 x\mathrm{d}(\sec x)$$

$$=\int(\sec^6 x-2\sec^4 x+\sec^2 x)\mathrm{d}(\sec x)$$

$$=\frac{1}{7}\sec^7 x-\frac{2}{5}\sec^5 x+\frac{1}{3}\sec^3 x+C$$

例 14 求$\int\cos 3x\cos 2x\mathrm{d}x$.

解 利用三角函数的积化和差公式

$$\cos\alpha\cos\beta=\frac{1}{2}[\cos(\alpha+\beta)+\cos(\alpha-\beta)]$$

$$\cos 3x\cos 2x=\frac{1}{2}(\cos x+\cos 5x)$$

于是

$$\int\cos 3x\cos 2x\mathrm{d}x=\frac{1}{2}\int(\cos x+\cos 5x)\mathrm{d}x$$

$$=\frac{1}{2}\int\cos x\mathrm{d}x+\frac{1}{2}\int\cos 5x\mathrm{d}x$$

$$=\frac{1}{2}\sin x+\frac{1}{10}\sin 5x+C$$

上面所举的例子，可以使我们认识到公式（1）在求不定积分中所起的作用．正如复合函数的求导法则在微分学中一样，公式（1）在积分学中也是经常使用的．但利用公式（1）来求不定积分，一般比利用复合函数的求导法则求函数的导数要来得困难，因为其中需要一定的技巧，而且如何适当地选择变量代换 $u=\varphi(x)$没有一般规律可循，因此要掌握换元法，除了熟悉一些典型的例子外，还要做较多的练习才行．

上述各例用的都是第一类换元法，即形如 $\varphi(x)=u$ 的变量代换．下面介绍另一种形式的变量代换 $x=\varphi(t)$，即所谓第二类换元法．

二、第二类换元法

定积分的第一类换元积分法就是把一个较为复杂的积分式子 $\int f[\varphi(x)]\varphi'(x)\mathrm{d}x$ 通过变换 $u=\varphi(x)$化成简单的形式$\int f(u)\mathrm{d}u$，从而使不定积分容易计算．但是我们还会遇到相反的情况：要计算的积分$\int f(x)\mathrm{d}x$ 表面上并不复杂，而实际上不易计算．这时如果用变换 $x=\varphi(t)$，将积分$\int f(x)\mathrm{d}x$ 化成$\int f[\varphi(t)]\varphi'(t)\mathrm{d}t$，而后者容易计算，那么问题就可以解决．例如积分$\int\frac{1}{1+\sqrt{x}}\mathrm{d}x$ 中有根号，它既不能由不定积分基本公式直接得出，又不能用第一类换元积分法解决．这里的困难是被积函数中有根号，为了去掉根号，引进新变量 t，即令 $x=t^2$ $(t>0)$，于是$\int\frac{1}{1+\sqrt{x}}\mathrm{d}x=\int\frac{1}{1+t}\mathrm{d}t^2=\int\frac{1}{1+t}2t\mathrm{d}t=2\int\frac{t+1-1}{1+t}\mathrm{d}t=2\int(1-\frac{1}{1+t})\mathrm{d}t=2[t-\ln|1+t|]+C=2[\sqrt{x}-\ln(1+\sqrt{x})]+C$.

我们可以验证上述方法的正确性.

事实上，$\left\{2\left[\sqrt{x}-\ln(1+\sqrt{x})\right]+C\right\}'=2\left(\frac{1}{2\sqrt{x}}-\frac{1}{1+\sqrt{x}}\cdot\frac{1}{2\sqrt{x}}\right)=\frac{1}{1+\sqrt{x}}$.

一般地，如果积分$\int f(x)\mathrm{d}x$不易计算，可设$x=\varphi(t)$，其中$\varphi(t)$单调，可微，那么$\mathrm{d}x=\mathrm{d}\varphi(t)=\varphi'(t)\mathrm{d}t$，于是$\int f(x)\mathrm{d}x=\int f[\varphi(t)]\varphi'(t)\mathrm{d}t$.

如果$\int f[\varphi(t)]\varphi'(t)\mathrm{d}t$的原函数是$\Phi(t)$，而函数$x=\varphi(t)$的反函数是$t=\varphi^{-1}(x)$，

则
$$\int f(x)\mathrm{d}x=\int f[\varphi(t)]\varphi'(t)\mathrm{d}t=\Phi(t)+C=\Phi[\varphi^{-1}(x)]+C$$

于是有

定理 2　（第二类换元积分法）设函数$x=\varphi(t)$单调可微，并且$\varphi'(t)\neq 0$，又设$f[\varphi(t)]\varphi'(t)$的原函数是$\Phi(t)$，则有换元积分公式：

$$\int f(x)dx=\int f[\varphi(t)]\varphi'(t)\mathrm{d}t=\Phi(t)+C=\Phi[\varphi^{-1}(x)]+C \tag{2}$$

下面举例说明第二类换元积分公式的应用.

例 15　求$\int\frac{x+1}{\sqrt{3x+1}}\mathrm{d}x$.

解　求这个积分的困难在于有根式$\sqrt{3x+1}$，令$\sqrt{3x+1}=t$，

则$x=\frac{t^2-1}{3}$，$\mathrm{d}x=\frac{2}{3}t\mathrm{d}t$，于是

$$\int\frac{x+1}{\sqrt{3x+1}}\mathrm{d}x=\int\frac{\frac{t^2-1}{3}+1}{t}\frac{2}{3}t\mathrm{d}t=\frac{2}{9}\int(t^2+2)\mathrm{d}t=\frac{2}{27}t^3+\frac{4}{9}t+C$$
$$=\frac{2}{27}(3x+1)^{\frac{3}{2}}+\frac{4}{9}(3x+1)^{\frac{1}{2}}+C$$

例 16　求$\int\sqrt{a^2-x^2}\,\mathrm{d}x\quad(a>0)$.

解　求这个积分的困难在于有根式$\sqrt{a^2-x^2}$，但我们可以利用三角公式$\sin^2t+\cos^2t=1$来化去根式.

设　$x=a\sin t$，$-\frac{\pi}{2}<t<\frac{\pi}{2}$，那么$\sqrt{a^2-x^2}=\sqrt{a^2-a^2\sin^2t}=a\cos t$，$\mathrm{d}x=a\cos t\mathrm{d}t$，于是化成了三角式，所求积分化为

$$\int\sqrt{a^2-x^2}\,\mathrm{d}x=\int a\cos t\cdot a\cos t\mathrm{d}t=a^2\int\cos^2t\mathrm{d}t=a^2\int\frac{1+\cos 2t}{2}\mathrm{d}t=\frac{a^2}{2}\left(\int\mathrm{d}t+\int\cos 2t\mathrm{d}t\right)$$
$$=a^2\left(\frac{t}{2}+\frac{\sin 2t}{4}\right)+C=\frac{a^2}{2}t+\frac{a^2}{2}\sin t\cos t+C.$$

由于$x=a\sin t$，$-\frac{\pi}{2}<t<\frac{\pi}{2}$，所以　$t=\arcsin\frac{x}{a}$，$\cos t=\sqrt{1-\sin^2t}=\frac{\sqrt{a^2-x^2}}{a}$

于是所求积分为　$\int\sqrt{a^2-x^2}\,\mathrm{d}x=\frac{a^2}{2}\arcsin\frac{x}{a}+\frac{1}{2}x\sqrt{a^2-x^2}+C$

例 17 求$\int\frac{1}{\sqrt{a^2+x^2}}dx \quad (a>0)$.

解 求这个积分的困难在于有根式$\sqrt{a^2+x^2}$，但我们可以利用三角公式$1+\tan^2t=\sec^2t$. 因为$\sqrt{a^2+x^2}=a\sqrt{1+\left(\frac{x}{a}\right)^2}$，故令$\frac{x}{a}=\tan t\ (-\frac{\pi}{2}<t<\frac{\pi}{2})$，则$x=a\tan t$，$dx=a\sec^2t\,dt$，

$$\int\frac{1}{\sqrt{a^2+x^2}}dx=\int\frac{1}{\sqrt{a^2+a^2\tan^2t}}a\sec^2t\,dt=\int\frac{1}{a\sec t}\,a\sec^2t\,dt$$
$$=\int\sec t\,dt=\ln|\sec t+\tan t|+C_1$$

为了将t还原成x，根据$x=a\tan t$作直角三角形（图 5-2），这样$\sec t=\frac{\sqrt{a^2+x^2}}{a}$，

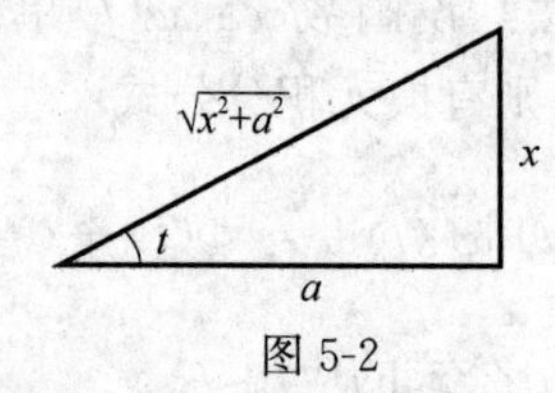

图 5-2

从而 $\int\frac{1}{\sqrt{a^2+x^2}}dx=\ln\left|\frac{\sqrt{a^2+x^2}}{a}+\frac{x}{a}\right|+C_1=\ln\left|\sqrt{a^2+x^2}+x\right|-\ln a+C_1=\ln\left|x+\sqrt{a^2+x^2}\right|+C \quad (C=-\ln a+C_1)$

例 18 求$\int\frac{1}{\sqrt{x^2-a^2}}dx \quad (a>0)$.

解 当$x>a$时，令$x=a\sec t\ (0<t<\frac{\pi}{2})$，则

$$\sqrt{x^2-a^2}=\sqrt{a^2\sec^2t-a^2}=a\tan t$$
$$dx=d\,a\sec t=a\sec t\tan t\,dt$$

从而$\int\frac{1}{\sqrt{x^2-a^2}}dx=\int\frac{1}{a\tan t}a\sec t\tan t\,dt=\int\sec t\,dt=\ln|\sec t+\tan t|+C_1$

为了把$\sec t$及$\tan t$换成x的函数，我们根据$x=a\sec t$作辅助三角形（图 5-3），

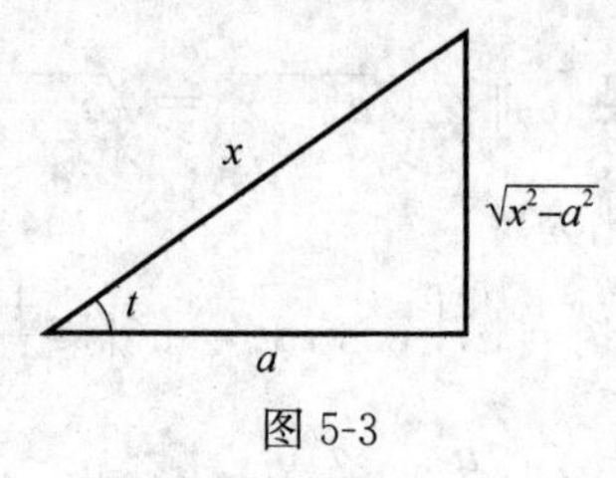

图 5-3

得到$\tan t=\frac{\sqrt{x^2-a^2}}{a}$，因此

$$\int\frac{1}{\sqrt{x^2-a^2}}dx=\ln\left|\frac{x}{a}+\frac{\sqrt{x^2-a^2}}{a}\right|+C_1=\ln\left|x+\sqrt{x^2-a^2}\right|+C \quad (C=-\ln a+C_1)$$

$x<-a$ 时，令 $x=-u$，那么 $u>a$，由上段结果，有

$$\int\frac{1}{\sqrt{x^2-a^2}}\mathrm{d}x=-\int\frac{1}{\sqrt{u^2-a^2}}\mathrm{d}u=-\ln\left|u+\sqrt{u^2-a^2}\right|+C_1=-\ln\left|-x+\sqrt{x^2-a^2}\right|+C_1$$

$$=\ln\left|\frac{-x-\sqrt{x^2-a^2}}{a^2}\right|+C_1=\ln\left|x+\sqrt{x^2-a^2}\right|+C\ (C=C_1-2\ln a)$$

把在 $x>a$ 及 $x<-a$ 内的结果合起来，可写作

$$\int\frac{1}{\sqrt{x^2-a^2}}\mathrm{d}x=\ln\left|x+\sqrt{x^2-a^2}\right|+C$$

从上面的三个例子可以看出：为化去被积函数中的二次根式，若被积函数含有 $\sqrt{a^2-x^2}$，可作变换 $x=a\sin t$；若被积函数含有 $\sqrt{a^2+x^2}$，可作变换 $x=a\tan t$；若被积函数含有 $\sqrt{x^2-a^2}$，可作变换 $x=a\sec t$. 但是具体解题时，要分析被积函数的具体情形，选取尽可能简捷的代换，而不必拘泥于上述变量代换的形式．例如，积分 $\int x\sqrt{4-x^2}\,\mathrm{d}x$，用凑微分法就比第二类换元积分法简单．

在本节的例题中，有几个积分是以后经常会遇到的．所以它们通常也被当作公式使用．这样，常用的积分公式，除了基本积分表中的几个外，再添加下面几个（其中常数 $a>0$）：

(14) $\int\tan x\mathrm{d}x=-\ln|\cos x|+C$

(15) $\int\cot x\mathrm{d}x=\ln|\sin x|+C$

(16) $\int\sec x\mathrm{d}x=\ln|\sec x+\tan x|+C$

(17) $\int\csc x\mathrm{d}x=\ln|\csc x-\cot x|+C$

(18) $\int\frac{1}{a^2+x^2}\mathrm{d}x=\frac{1}{a}\arctan\frac{x}{a}+C$

(19) $\int\frac{1}{x^2-a^2}\mathrm{d}x=\frac{1}{2a}\ln\left|\frac{x-a}{x+a}\right|+C$

(20) $\int\frac{1}{\sqrt{a^2-x^2}}\mathrm{d}x=\arcsin\frac{x}{a}+C$

(21) $\int\frac{1}{\sqrt{x^2+a^2}}\mathrm{d}x=\ln(x+\sqrt{x^2+a^2})+C$

(22) $\int\frac{1}{\sqrt{x^2-a^2}}\mathrm{d}x=\ln\left|x+\sqrt{x^2-a^2}\right|+C$

例 19　求 $\int\frac{1}{\sqrt{4x^2+9}}\mathrm{d}x$.

解　由公式（21）得

$$\int\frac{1}{\sqrt{4x^2+9}}\mathrm{d}x=\frac{1}{2}\int\frac{1}{\sqrt{x^2+\left(\frac{3}{2}\right)^2}}\mathrm{d}x=\frac{1}{2}\ln\left[x+\sqrt{x^2+\left(\frac{3}{2}\right)^2}\right]+C$$

例 20 求$\int \frac{1}{\sqrt{1+x-x^2}}\mathrm{d}x$.

解 由公式（20）得

$$\int \frac{1}{\sqrt{1+x-x^2}}\mathrm{d}x=\int \frac{1}{\sqrt{\left(\frac{\sqrt{5}}{2}\right)^2-\left(x-\frac{1}{2}\right)^2}}\mathrm{d}\left(x-\frac{1}{2}\right)=\arcsin\frac{2x-1}{\sqrt{5}}+C$$

第三节 分部积分法

前面我们在复合函数求导法则的基础上，得到了第一类及第二类换元积分公式，利用它们已能计算出许多较为复杂的不定积分．但是当被积函数是两个不同类型函数之积时，例如

$$\int x\sin x\mathrm{d}x,\int x\mathrm{e}^x\mathrm{d}x,\int x\arctan x\mathrm{d}x,\int x\ln x\mathrm{d}x$$

等，换元积分法就无效了．这一节，我们将利用两个函数积的求导公式，得出求不定积分的另一个基本方法——分部积分法．

设函数 $u(x)$、$v(x)$具有连续导数，由乘积的求导公式$(uv)'=u'v+uv'$，移项得$uv'=(uv)'-u'v$，两边求不定积分得

$$\int uv'\mathrm{d}x=\int (uv)'\mathrm{d}x-\int u'v\mathrm{d}x$$

即

$$\int uv'\mathrm{d}x=uv-\int u'v\mathrm{d}x \tag{3}$$

为了便于记忆，注意到 $v'\mathrm{d}x=\mathrm{d}v$，$u'\mathrm{d}x=\mathrm{d}u$，式（3）也可以写成

$$\int u\mathrm{d}v=uv-\int v\mathrm{d}u \tag{4}$$

式（3）和式（4）都称分部积分公式，它们将计算不定积分$\int uv'\mathrm{d}x$转化为计算不定积分$\int u'v\mathrm{d}x$，如果$\int u'v\mathrm{d}x$比$\int uv'\mathrm{d}x$容易计算，则分部积分公式就起到了化难为易得作用.

例 1 求$\int x\sin x\mathrm{d}x$.

解 此积分利用前面所学的方法不易求出结果．现在试用分部积分法来求它．但是怎样选取 u 和 $\mathrm{d}v$ 呢?

如果设 $u=x$，$\mathrm{d}v=\sin x\mathrm{d}x$，那么 $\mathrm{d}u=\mathrm{d}x$，$v=-\cos x$，于是

$$\begin{aligned}\int x\sin x\mathrm{d}x&=\int x(-\cos x)'\mathrm{d}x=\int x\mathrm{d}(-\cos x)\\&=x(-\cos x)-\int x'(-\cos x)\mathrm{d}x\\&=-x\cos x+\int\cos x\mathrm{d}x\\&=-x\cos x+\sin x+C\end{aligned}$$

本例中，显然$\int u'v\mathrm{d}x=\int \cos x\mathrm{d}x$比$\int uv'\mathrm{d}x=\int x\sin x\mathrm{d}x$容易计算．若选择

$$u=\sin x,\mathrm{d}v=x\mathrm{d}x=\left(\frac{x^2}{2}\right)'\mathrm{d}x=\mathrm{d}\left(\frac{x^2}{2}\right)$$

则
$$\begin{aligned}\int x\sin x\mathrm{d}x&=\int \sin x\left(\frac{x^2}{2}\right)'\mathrm{d}x=\int \sin x\mathrm{d}\left(\frac{x^2}{2}\right)\\&=\frac{x^2}{2}\sin x-\int \frac{x^2}{2}(\sin x)'\mathrm{d}x\\&=\frac{x^2}{2}\sin x-\frac{1}{2}\int x^2\cos x\mathrm{d}x\end{aligned}$$

而$\int x^2\cos x\mathrm{d}x$的计算比$\int x\sin x\mathrm{d}x$的计算还要复杂，说明这样选择$u,v$是不合适的，正确选择$u,v$十分重要，往往是积分成败的关键．选择$u,v$的一般原则是：

(1) 由$v'(x)\mathrm{d}x$求$v(x)$比较容易；

(2) 积分$\int u'v\mathrm{d}x$容易计算，或至少比$\int uv'\mathrm{d}x$容易计算．

例 2　求$\int x\mathrm{e}^x\mathrm{d}x$．

解　设　$u=x$，$\mathrm{d}v=\mathrm{e}^x\mathrm{d}x=\mathrm{d}\mathrm{e}^x$，于是

$$\begin{aligned}\int x\mathrm{e}^x\mathrm{d}x&=\int x\mathrm{d}\mathrm{e}^x=x\mathrm{e}^x-\int \mathrm{e}^x\mathrm{d}x\\&=x\mathrm{e}^x-\mathrm{e}^x+C\end{aligned}$$

一般地，凡被积函数为多项式与$\sin ax$、$\cos ax$或e^{ax}乘积时，总是选取多项式为u. 这样$\int vu'\mathrm{d}x$中u'的次数低一次，因此$\int u'v\mathrm{d}x$比$\int uv'\mathrm{d}x$易计算．

例 3　求$\int x^2\ln x\mathrm{d}x$．

解　若取$u=x^2$，$\mathrm{d}v=\ln x\mathrm{d}x$，那么$v$不易求得．故改选$u=\ln x,\mathrm{d}v=x^2\mathrm{d}x=\mathrm{d}\left(\frac{1}{3}x^3\right)$

于是
$$\begin{aligned}\int x^2\ln x\mathrm{d}x&=\int \ln x\mathrm{d}\left(\frac{1}{3}x^3\right)=\frac{1}{3}x^3\ln x-\int\left(\frac{1}{3}x^3\right)(\ln x)'\mathrm{d}x\\&=\frac{1}{3}x^3\ln x-\frac{1}{3}\int x^3\,\frac{1}{x}\mathrm{d}x=\frac{1}{3}x^3\ln x-\frac{1}{9}x^3+C\end{aligned}$$

例 4　求$\int x\arctan x\mathrm{d}x$．

解　取$u=\arctan x$，$\mathrm{d}v=x\mathrm{d}x=\mathrm{d}\left(\frac{x^2}{2}\right)$，于是

$$\begin{aligned}\int x\arctan x\mathrm{d}x&=\int \arctan x\mathrm{d}\left(\frac{x^2}{2}\right)=\frac{x^2}{2}\arctan x-\int\frac{x^2}{2}\mathrm{d}\arctan x\\&=\frac{x^2}{2}\arctan x-\frac{1}{2}\int\frac{x^2}{1+x^2}\mathrm{d}x\\&=\frac{x^2}{2}\arctan x-\frac{1}{2}\int\frac{x^2+1-1}{1+x^2}\mathrm{d}x\end{aligned}$$

$$=\frac{x^2}{2}\arctan x-\frac{1}{2}x+\frac{1}{2}\arctan x+C$$

一般地，若被积函数是多项式与反三角函数或对数函数之积时，取多项式为$v'(x)$，这样 u 的导数 u' 就为有理式或无理式，消去了积分式中的反三角函数或对数函数，而$\int u'v\mathrm{d}x$ 一般可以计算出来，从而可求出不定积分.

例 5 求$\int \mathrm{e}^x \sin x\mathrm{d}x$.

解 选取 $u=\sin x$，$\mathrm{d}v=\mathrm{e}^x\mathrm{d}x=\mathrm{d}\mathrm{e}^x$，于是

$$\int \mathrm{e}^x\sin x\mathrm{d}x=\int \sin x\mathrm{d}\mathrm{e}^x=\mathrm{e}^x\sin x-\int \mathrm{e}^x\mathrm{d}\sin x=\mathrm{e}^x\sin x-\int \mathrm{e}^x\cos x\mathrm{d}x$$

对积分$\int \mathrm{e}^x\cos x\mathrm{d}x$ 仍然选择 $\mathrm{d}v=\mathrm{e}^x\mathrm{d}x$，于是$\int \mathrm{e}^x\cos x\mathrm{d}x=\int \cos x\mathrm{d}\mathrm{e}^x=\mathrm{e}^x\cos x-\int \mathrm{e}^x\mathrm{d}\cos x$
$=\mathrm{e}^x\cos x+\int \mathrm{e}^x\sin x\mathrm{d}x$，

所以 $\int \mathrm{e}^x\sin x\mathrm{d}x=\mathrm{e}^x\sin x-\mathrm{e}^x\cos x-\int \mathrm{e}^x\sin x\mathrm{d}x.$

由于上式右端第三项就是所求的积分$\int \mathrm{e}^x\sin x\mathrm{d}x$，将其移至等式的左边，两端同除以 2 得 $\int \mathrm{e}^x\sin x\mathrm{d}x=\frac{1}{2}\mathrm{e}^x(\sin x-\cos x)+C.$

因为上式右端已不包含积分项，所以必须加上任意常数 C.

例 6 求$\int \sec^3 x\mathrm{d}x$.

解
$$\begin{aligned}\int \sec^3 x\mathrm{d}x&=\int \sec x\sec^2 x\mathrm{d}x=\int \sec x(\tan x)'\mathrm{d}x\\&=\int \sec x\mathrm{d}\tan x=\sec x\tan x-\int \tan x\mathrm{d}\sec x\\&=\sec x\tan x-\int \tan x\sec x\tan x\mathrm{d}x\\&=\sec x\tan x-\int \tan^2 x\sec x\mathrm{d}x\\&=\sec x\tan x-\int (\sec^2 x-1)\sec x\mathrm{d}x\\&=\sec x\tan x-\int \sec^3 x\mathrm{d}x+\int \sec x\mathrm{d}x\\&=\sec x\tan x-\int \sec^3 x\mathrm{d}x+\ln|\sec x+\tan x|\end{aligned}$$

所以$\int \sec^3 x\mathrm{d}x=\frac{1}{2}(\sec x\tan x+\ln|\sec x+\tan x|)+C.$

例 5 及例 6 表明，有些不定积分，经过反复使用分部积分公式后，又出现了与所求积分形式相同的积分，于是，可以像解代数方程那样从等式中解出所求的不定积分.

当计算方法熟悉之后，分部积分法的替换过程不必写出，只要将 u，$\mathrm{d}v$ 记在心里即可.

例 7　求$\int(x^2+3x+1)\ln x\mathrm{d}x$.

解　$$\int(x^2+3x+1)\ln x\mathrm{d}x=\int\ln x\mathrm{d}\left(\frac{1}{3}x^3+\frac{3}{2}x^2+x\right)$$
$$=\left(\frac{1}{3}x^3+\frac{3}{2}x^2+x\right)\ln x-\int\left(\frac{1}{3}x^3+\frac{3}{2}x^2+x\right)\mathrm{d}\ln x$$
$$=\left(\frac{1}{3}x^3+\frac{3}{2}x^2+x\right)\ln x-\int\left(\frac{1}{3}x^3+\frac{3}{2}x^2+x\right)\frac{1}{x}\mathrm{d}x$$
$$=\left(\frac{1}{3}x^3+\frac{3}{2}x^2+x\right)\ln x-\frac{1}{9}x^3-\frac{3}{4}x^2-x+C$$

在求不定积分时，如果被积函数比较复杂，常常需要综合应用各种求积分的方法，举例如下：

例 8　求$\int\arctan\sqrt{x}\mathrm{d}x$.

解　令$\sqrt{x}=t$，则

$$\int\arctan\sqrt{x}\mathrm{d}x=\int\arctan t\mathrm{d}t^2=t^2\arctan t-\int t^2\mathrm{d}\arctan t$$
$$=t^2\arctan t-\int\frac{t^2}{1+t^2}\mathrm{d}t$$
$$=t^2\arctan t-\int\frac{t^2+1-1}{1+t^2}\mathrm{d}t$$
$$=t^2\arctan t-t+\arctan t+C$$
$$=x\arctan\sqrt{x}-\sqrt{x}+\arctan\sqrt{x}+C$$

例 9　求$\int\frac{1}{\sqrt{x}}\ln(1+x)\mathrm{d}x$.

解　$$\int\frac{1}{\sqrt{x}}\ln(1+x)\mathrm{d}x=2\int\ln(1+x)\mathrm{d}\sqrt{x}=2\sqrt{x}\ln(1+x)-2\int\frac{\sqrt{x}}{1+x}\mathrm{d}x$$

对于$\int\frac{\sqrt{x}}{1+x}\mathrm{d}x$，令$\sqrt{x}=t$，则

$$\int\frac{\sqrt{x}}{1+x}\mathrm{d}x=\int\frac{t}{1+t^2}2t\mathrm{d}t=2\int\frac{t^2+1-1}{1+t^2}\mathrm{d}t=2(t-\arctan t)+C_1=2(\sqrt{x}-\arctan\sqrt{x})+C_1$$

所以　$$\int\frac{1}{\sqrt{x}}\ln(1+x)\mathrm{d}x=2\sqrt{x}\ln(1+x)-4\sqrt{x}+4\arctan\sqrt{x}+C\ (C=-2C_1)$$

第四节　有理函数的不定积分

前面已经介绍了求不定积分的两个基本方法——换元积分法和分部积分法．下面简要地介绍有理函数的积分及可化为有理函数的积分．

一、有理函数的积分

两个多项式的商$\frac{P(x)}{Q(x)}$称为有理函数，又称有理分式．我们总假定分子多项式$P(x)$与分母多项式$Q(x)$之间是没有公因式的．当分子多项式$P(x)$的次数小于分母多项式$Q(x)$的次数时，称这有理函数为真分式，否则称为假分式．

利用多项式的除法，总可以将一个假分式化成一个多项式与一个真分式之和的形式，例如
$$\frac{2x^4+x^2+3}{x^2+1}=2x^2-1+\frac{4}{x^2+1}$$

对于真分式$\frac{P(x)}{Q(x)}$，如果分母可分解为两个多项式的乘积
$$Q(x)=Q_1(x)Q_2(x)$$
且$Q_1(x)$与$Q_2(x)$没有公因式，那么它可分拆成两个真分式之和
$$\frac{P(x)}{Q(x)}=\frac{P_1(x)}{Q_1(x)}+\frac{P_2(x)}{Q_2(x)}$$

上述步骤称为把真分式化成部分分式之和．如果$Q_1(x)$或$Q_2(x)$还能再分解成两个没有公因式的多项式的乘积，那么就可再分拆成更简单的部分分式．最后，有理函数的分解式中只出现多项式$\frac{P_1(x)}{(x-a)^k}$、$\frac{P_2(x)}{(x^2+px+q)^l}$等函数（这里$p^2-4q<0$，$P_1(x)$为小于$k$次的多项式，$P_2(x)$为小于$2l$次的多项式）．

下面举几个真分式的积分的例子．

例1 求$\int\frac{x+1}{x^2-5x+6}\mathrm{d}x$．

解 被积函数的分母分解成$(x-3)(x-2)$，故可设
$$\frac{x+1}{x^2-5x+6}=\frac{A}{x-3}+\frac{B}{x-2}$$
其中A、B为待定系数．上式两端去分母后，得
$$x+1=A(x-2)+B(x-3)$$
即
$$x+1=(A+B)x-2A-3B$$
比较上式两端同次幂的系数，即有
$$\begin{cases}A+B=1\\2A+3B=-1\end{cases}$$
从而解得$A=4$，$B=-3$．

于是
$$\int\frac{x+1}{x^2-5x+6}\mathrm{d}x=\int\left(\frac{4}{x-3}-\frac{3}{x-2}\right)\mathrm{d}x=4\ln|x-3|-3\ln|x-2|+C$$

例 2　求 $\int\frac{x+2}{(2x+1)(x^2+x+1)}\mathrm{d}x$.

解　设 $\frac{x+2}{(2x+1)(x^2+x+1)}=\frac{A}{2x+1}+\frac{Bx+C}{x^2+x+1}$

则
$$x+2=A(x^2+x+1)+(Bx+C)(2x+1)$$

即
$$x+2=(A+2B)x^2+(A+B+2C)x+A+C$$

有
$$\begin{cases}A+2B=0\\A+B+2C=1\\A+C=2\end{cases},\quad 解得\begin{cases}A=2\\B=-1\\C=0\end{cases}$$

于是
$$\begin{aligned}&\int\frac{x+2}{(2x+1)(x^2+x+1)}\mathrm{d}x\\&=\int(\frac{2}{2x+1}-\frac{x}{x^2+x+1})\mathrm{d}x\\&=\ln|2x+1|-\frac{1}{2}\int\frac{(2x+1)-1}{x^2+x+1}\mathrm{d}x\\&=\ln|2x+1|-\frac{1}{2}\int\frac{\mathrm{d}(x^2+x+1)}{x^2+x+1}+\frac{1}{2}\int\frac{\mathrm{d}x}{\left(x+\frac{1}{2}\right)^2+\frac{3}{4}}\\&=\ln|2x+1|-\frac{1}{2}\ln(x^2+x+1)+\frac{1}{\sqrt{3}}\arctan\frac{2x+1}{\sqrt{3}}+C\end{aligned}$$

例 3　求 $\int\frac{x-3}{(x-1)(x^2-1)}\mathrm{d}x$.

解　因
$$\begin{aligned}\int\frac{x-3}{(x-1)(x^2-1)}\mathrm{d}x&=\int\frac{x-3}{(x-1)^2(x+1)}\mathrm{d}x\\&=\int\left[\frac{x-2}{(x-1)^2}-\frac{1}{x+1}\right]\mathrm{d}x\\&=\int\frac{x-1-1}{(x-1)^2}\mathrm{d}x-\ln|x+1|\\&=\ln|x-1|+\frac{1}{x-1}-\ln|x+1|+C\end{aligned}$$

二、可化为有理函数的积分举例

有些函数的积分也可化为有理函数的积分来解决．例如，某些简单无理函数的积分，通过适当变换可以化为有理函数的积分；三角有理函数的积分，通过代换 $t=\tan\frac{x}{2}$ 也能化为有理函数的积分，现举例如下．

例 4　求 $\int\frac{\sqrt{x-3}}{x}\mathrm{d}x$.

解　为了去掉不定积分的根式，可以设 $\sqrt{x-3}=t$，则 $x=t^2+3$，$\mathrm{d}x=2t\mathrm{d}t$，于是

$$\int \frac{\sqrt{x-3}}{x}\mathrm{d}x = \int \frac{t}{t^2+3}2t\mathrm{d}t = 2\int \frac{t^2}{t^2+3}\mathrm{d}t$$

$$= 2\int \frac{t^2+3-3}{t^2+3}\mathrm{d}t = 2t - 2\sqrt{3}\arctan\frac{t}{\sqrt{3}} + C$$

$$= 2\sqrt{x-3} - 2\sqrt{3}\arctan\frac{\sqrt{x-3}}{\sqrt{3}} + C$$

例 5 求 $\int \frac{\mathrm{d}x}{(4-\sqrt[3]{x})\sqrt{x}}$.

解 根据题意可令$\sqrt[6]{x}=t$，则 $x=t^6$，$\mathrm{d}x=6t^5\mathrm{d}t$ 于是

$$\int \frac{\mathrm{d}x}{(4-\sqrt[3]{x})\sqrt{x}} = \int \frac{6t^5}{(4-t^2)t^3}\mathrm{d}t = 6\int \frac{t^2}{4-t^2}\mathrm{d}t$$

$$= 6\int \frac{t^2-4+4}{4-t^2}\mathrm{d}t = -6\int \mathrm{d}t + 24\int \frac{1}{4-t^2}\mathrm{d}t$$

$$= -6t + 6\ln\left|\frac{2+t}{2-t}\right| + C$$

$$= -6\sqrt[6]{x} + 6\ln\left|\frac{2+\sqrt[6]{x}}{2-\sqrt[6]{x}}\right| + C$$

例 6 求 $\int \frac{\mathrm{d}x}{\sin x + \cos x + 1}$.

解 令 $\tan\frac{x}{2}=t$，则 $x=2\arctan t$，$\mathrm{d}x=\frac{2}{1+t^2}\mathrm{d}t$

$$\sin x = \frac{2\tan\frac{x}{2}}{1+\tan^2\frac{x}{2}} = \frac{2t}{1+t^2}$$

$$\cos x = \frac{1-\tan^2\frac{x}{2}}{1+\tan^2\frac{x}{2}} = \frac{1-t^2}{1+t^2}$$

所以 $$\int \frac{\mathrm{d}x}{\sin x + \cos x + 1} = \int \frac{1}{\frac{2t}{1+t^2} + \frac{1-t^2}{1+t^2} + 1} \cdot \frac{2}{1+t^2}\mathrm{d}t$$

$$= \int \frac{1}{1+t}\mathrm{d}t = \ln|t+1| + C$$

$$= \ln\left|\tan\frac{x}{2} + 1\right| + C$$

在本章结束之前，我们还要指出：对初等函数来说，在其定义区间上连续，所以它的原函数一定存在，但原函数不一定都是初等函数，如$\int \mathrm{e}^{-x^2}\mathrm{d}x$，$\int \frac{\sin x}{x}\mathrm{d}x$，$\int \frac{1}{\ln x}\mathrm{d}x$，$\int \frac{1}{\sqrt{1+x^4}}\mathrm{d}x$ 等，它们的原函数都不是初等函数 .

习 题 五

(A)

1. 求下列不定积分：

(1) $\int \frac{1}{\sqrt{x}}\mathrm{d}x$；

(2) $\int x^2\sqrt[3]{x}\,\mathrm{d}x$；

(3) $\int (\sqrt{x}+1)(\sqrt[3]{x}-1)\mathrm{d}x$；

(4) $\int \frac{3x^4+3x^2+1}{x^2+1}\mathrm{d}x$；

(5) $\int (2\mathrm{e}^x+\frac{3}{x})\mathrm{d}x$；

(6) $\int (\frac{3}{1+x^2}-\frac{2}{\sqrt{1-x^2}})\mathrm{d}x$；

(7) $\int \frac{2\cdot 3^x-5\cdot 2^x}{3^x}\mathrm{d}x$；

(8) $\int \sec x(\sec x-\tan x)\mathrm{d}x$；

(9) $\int \frac{1}{1+\cos 2x}\mathrm{d}x$；

(10) $\int \frac{\cos 2x}{\cos x-\sin x}\mathrm{d}x$；

(11) $\int \frac{1}{\cos^2 x\sin^2 x}\mathrm{d}x$；

(12) $\int \frac{\mathrm{e}^{2x}-1}{\mathrm{e}^x+1}\mathrm{d}x$.

2. 一曲线通过点$(\mathrm{e}^2,3)$，且在任一点处的切线的斜率等于该点横坐标的倒数，求该曲线的方程．

3. 在等号右端空格线“__”上填上适当因子，使等式成立：

(1) $x\mathrm{d}x=$____ $\mathrm{d}(1-x^2)$；

(2) $x\mathrm{e}^{x^2}\mathrm{d}x=$____ $\mathrm{d}(\mathrm{e}^{x^2})$；

(3) $\frac{1}{x}\mathrm{d}x=$____ $\mathrm{d}(3+5\ln x)$；

(4) $\sin 3x\mathrm{d}x=$____ $\mathrm{d}(\cos 3x)$；

(5) $\frac{x}{\sqrt{1-x^2}}\mathrm{d}x=$____ $\mathrm{d}\sqrt{1-x^2}$；

(6) $\frac{\mathrm{d}x}{\sqrt{1-9x^2}}=$____ $\mathrm{d}\arcsin 3x$；

(7) $\frac{1}{1+9x^2}\mathrm{d}x=$____ $\mathrm{d}\arctan 3x$；

(8) $\frac{1}{x}\mathrm{d}x=$____ $\mathrm{d}(3-2\ln|x|)$.

4. 求下列不定积分（其中a,b为常数）.

(1) $\int \mathrm{e}^{-5x}\mathrm{d}x$；

(2) $\int \frac{\mathrm{d}x}{\sqrt[3]{2-3x}}$；

(3) $\int x\mathrm{e}^{-x^2}\mathrm{d}x$；

(4) $\int x^3(2-5x^4)^3\mathrm{d}x$；

(5) $\int \frac{4x^3}{1-x^4}\mathrm{d}x$；

(6) $\int \cos(ax+b)\mathrm{d}x \quad (a\neq 0)$；

(7) $\int \frac{\sin x}{\cos^3 x}\mathrm{d}x$；

(8) $\int \cot\frac{x}{3}\mathrm{d}x$；

(9) $\int \frac{\mathrm{e}^x}{1+\mathrm{e}^x}\mathrm{d}x$；

(10) $\int \frac{1}{x\ln^2 x}\mathrm{d}x$；

(11) $\int \frac{\sin\sqrt{x}}{\sqrt{x}}\mathrm{d}x$；

(12) $\int \tan^{10}x\sec^2 x\mathrm{d}x$；

(13) $\int \cos^2 3x\mathrm{d}x$；　(14) $\int \frac{1}{\sin x\cos x}\mathrm{d}x$；

(15) $\int \frac{\mathrm{d}x}{(x+1)(x-2)}$；　(16) $\int \cos^3 x\mathrm{d}x$；

(17) $\int \tan^3 x\sec x\mathrm{d}x$；　(18) $\int \frac{\mathrm{e}^{\frac{1}{x}}}{x^2}\mathrm{d}x$；

(19) $\int \frac{2x-3}{x^2-3x+8}\mathrm{d}x$；　(20) $\int \frac{1}{x^2}\cos\frac{2}{x}\mathrm{d}x$.

5. 求下列不定积分.

(1) $\int x\ln x\mathrm{d}x$ ；　(2) $\int x\cos 2x\mathrm{d}x$ ；　(3) $\int \arctan x\mathrm{d}x$ ；

(4) $\int x\tan^2 x\mathrm{d}x$ ；　(5) $\int x\cos^2 x\mathrm{d}x$.

6. 计算下列有理分式的不定积分.

(1) $\int \frac{3x+1}{x^2-3x+2}\mathrm{d}x$ ；　(2) $\int \frac{x^2+1}{(x+1)^2(x-1)}\mathrm{d}x$ ；

(3) $\int \frac{1}{x(x^2+1)}\mathrm{d}x$ ；　(4) $\int \frac{x^3+1}{x^3-x}\mathrm{d}x$ ；

(5) $\int \frac{x-2}{x^2+2x+3}\mathrm{d}x$ ；　(6) $\int \frac{x}{(x^2+1)(x^2+4)}\mathrm{d}x$.

(B)

1. 求下列不定积分.

(1) $\int \frac{1+2x^2}{x^2+x^4}\mathrm{d}x$；　(2) $\int \cot^2 x\mathrm{d}x$.

2. 求下列不定积分.

(1) $\int \frac{x^2}{\sqrt{a^2-x^2}}\mathrm{d}x \quad (a>0)$；　(2) $\int \frac{\mathrm{d}x}{x\sqrt{x^2-1}}$；

(3) $\int \frac{1}{\sqrt{(x^2+1)^3}}\mathrm{d}x$；　(4) $\int \frac{\sqrt{x^2-9}}{x}\mathrm{d}x$；

(5) $\int \frac{1}{1+\sqrt{2x}}\mathrm{d}x$；　(6) $\int \frac{1}{1+\sqrt{1-x^2}}\mathrm{d}x$；

(7) $\int \frac{1}{x+\sqrt{1-x^2}}\mathrm{d}x$；　(8) $\int \frac{x^3+1}{(x^2+1)^2}\mathrm{d}x$.

3. 求下列不定积分.

(1) $\int \sin\sqrt{x}\mathrm{d}x$ ；　(2) $\int \frac{\ln\ln x}{x}\mathrm{d}x$ ；　(3) $\int \mathrm{e}^{\sqrt{x}}\mathrm{d}x$ ；

(4) $\int \mathrm{e}^{-x}\cos x\mathrm{d}x$ ；　(5) $\int \frac{\arcsin\sqrt{x}}{\sqrt{x}}\mathrm{d}x$.

4. 计算下列不定积分.

(1) $\int \frac{1}{1+\sqrt[3]{x+1}}dx$；　(2) $\int \frac{1}{x}\sqrt{\frac{x+1}{x}}dx$；

(3) $\int \frac{1}{3+\cos x}dx$；　(4) $\int \frac{1+\sin x}{\sin x(1+\cos x)}dx$.

5. 计算下列不定积分.

(1) $\int \frac{\sin x\cos^3 x}{1+\cos^2 x}dx$；　(2) $\int \frac{e^x}{\sqrt{e^x-1}}dx$；

(3) $\int x^3 e^{x^2}dx$；　(4) $\int \frac{\ln\sin x}{\sin^2 x}dx$；

(5) $\int \frac{1}{\sqrt{3+2x-x^2}}dx$；　(6) $\int \frac{\ln(x+\sqrt{1+x^2})}{\sqrt{x^2+1}}dx$；

(7) $\int \frac{1}{\sin 2x+2\sin x}dx$；　(8) $\int \frac{1-\ln x}{(x-\ln x)^2}dx$；

(9) $\int \frac{\arctan x}{x^2(1+x^2)}dx$；　(10) $\int \frac{\arctan e^x}{e^x}dx$.

第六章　定积分及其应用

本章主要介绍定积分的概念与基本性质，微积分基本定理，定积分的计算方法，定积分的应用，以及广义积分初步等内容．

第一节　定积分的概念与性质

一、定积分的概念

在中学里，我们已经掌握了一些规则的平面图形的面积计算，而计算一般的不规则的平面图形的面积会觉得有些困难，甚至求不出．下面我们就用极限方法来解决一般平面图形的面积的计算问题，并由此给出定积分的概念．

1. 曲边梯形

定义 1　设函数 $y=f(x)$在$[a,b]$上连续且 $f(x)\geqslant 0$，由直线 $x=a$，$x=b(a\leqslant b)$，曲线 $y=f(x)$及 x 轴所围成的图形（图 6-1），称为曲边梯形．

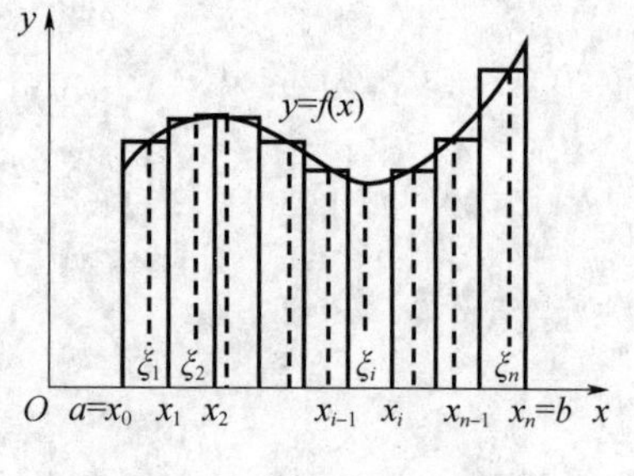

图 6-1

曲边梯形面积的计算：

(1) 分割　在$[a,b]$内任意插入 $n-1$ 个点：$a=x_0<x_1<x_2<\cdots<x_{n-1}<x_n=b$，把$[a,b]$分成 n 个小区间：$[x_0,x_1],[x_1,x_2],\cdots,[x_{n-1},x_n]$，记第 i 个小区间的长度为 Δx_i，即 $\Delta x_i=x_i-x_{i-1},i=1,2,\cdots,n.$

(2) 近似代替　ΔA_i 表示第 i 个小区间对应的曲边梯形的面积，则

$$\Delta A_i\approx f(\xi_i)\Delta x_i,\quad \forall\,\xi_i\in[x_{i-1},x_i],i=1,2,\cdots,n$$

(3) 求和　设 A 为曲边梯形的面积，则　$A=\sum\limits_{i=1}^{n}\Delta A_i\approx\sum\limits_{i=1}^{n}f(\xi_i)\Delta x_i$

(4) 取极限 $A=\lim\limits_{\lambda\to 0}\sum\limits_{i=1}^{n}f(\xi_i)\Delta x_i$ ，其中

$$\lambda=\max\{\Delta x_1,\Delta x_2,\cdots,\Delta x_n\}$$

2. 定积分的定义

定义 2　设 $f(x)$在区间$[a,b]$上有界，在$[a,b]$内任意插入 $n-1$ 个点：$a=x_0<x_1<x_2<\cdots<x_{n-1}<x_n=b$，把 $[a, b]$ 分成 n 个小区间：$[x_0,x_1],[x_1,x_2],\cdots,[x_{n-1},x_n]$，记第 i 个小区间的长度为 Δx_i，即 $\Delta x_i=x_i-x_{i-1}(i=1,2,\cdots,n)$，在每个小区间$[x_{i-1},x_i]$上任取一点 $\xi_i\in[x_{i-1},x_i]$，作乘积 $f(\xi_i)\Delta x_i$ 并作和式 $S=\sum\limits_{i=1}^{n}f(\xi_i)\Delta x_i$ ，记 $\lambda=\max\{\Delta x_1,\Delta x_2,$

$\cdots,\Delta x_n\}$，若不论对 $[a,\ b]$ 怎样划分，也不论 ξ_i 在小区间$[x_{i-1},x_i]$上怎样选取，只要当 $\lambda\to 0$ 时，和式 $\sum_{i=1}^{n} f(\xi_i)\Delta x_i$ 的极限存在，则称函数 $f(x)$在$[a,b]$上可积，并把此极限值称为 $f(x)$在$[a,b]$上的定积分[1]，记作 $\int_a^b f(x)\mathrm{d}x$，即

$$\int_a^b f(x)\mathrm{d}x = \lim_{\lambda\to 0}\sum_{i=1}^{n} f(\xi_i)\Delta x_i$$

其中 $f(x)$称为被积函数，$f(x)\mathrm{d}x$ 为被积表达式，x 为积分变量，a 为积分下限，b 为积分上限，$[a,\ b]$ 为积分区间.

注　(1) 定积分是和式的极限，是一个常数，这个常数仅与被积函数 $f(x)$及积分区间 $[a,\ b]$ 有关，而与积分变量选用什么字母无关，即 $\int_a^b f(x)\mathrm{d}x = \int_a^b f(u)\mathrm{d}u = \int_a^b f(t)\mathrm{d}t$.

(2) $\frac{\mathrm{d}}{\mathrm{d}x}\int_a^b f(x)\mathrm{d}x = 0$.

3. 定积分可积的必要条件与充分条件

定理 1　若 $f(x)$在 $[a,\ b]$ 上可积，则 $f(x)$在 $[a,\ b]$ 上有界.

定理 2　若 $f(x)$在 $[a,\ b]$ 上连续，则 $f(x)$在 $[a,\ b]$ 上可积.

定理 3　若 $f(x)$在 $[a,\ b]$ 上有界，且至多有有限个间断点，则 $f(x)$在 $[a,\ b]$ 上可积.

定理 4　若 $f(x)$在 $[a,\ b]$ 上单调，则 $f(x)$在 $[a,\ b]$ 上可积.

4. 定积分的几何意义

设 $a<b$，$f(x)$在 $[a,\ b]$ 上可积

(1) 若 $f(x)\geqslant 0$，则 $\int_a^b f(x)\mathrm{d}x$ 表示的是曲边梯形的面积.

(2) 若 $f(x)\leqslant 0$，则 $\int_a^b f(x)\mathrm{d}x$ 表示的是曲边梯形面积的负值.

(3) 若 $f(x)$在 $[a,\ b]$ 既有 $f(x)\geqslant 0$，又有 $f(x)\leqslant 0$，则 $\int_a^b f(x)\mathrm{d}x$ 表示的是 x 轴上方、下方曲边梯形面积的代数和（图 6-2).

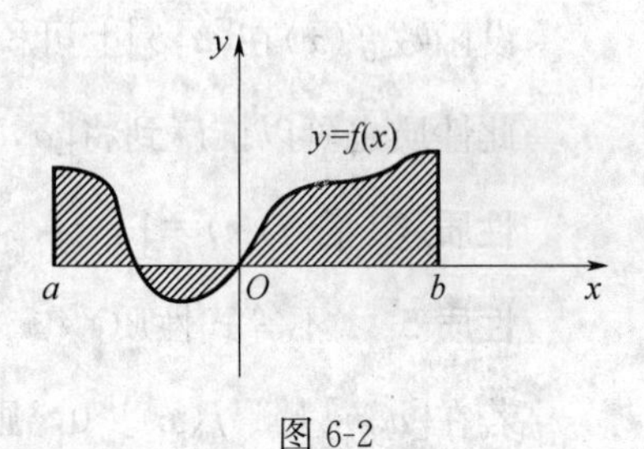

图 6-2

[1] ①（广州大学的张景中院士）张氏定义：设 $f(x)$在区间 I 上有定义，如果有一个二元函数 $S(u,v)(u\in I,v\in I)$，满足　可加性：对 I 上任意的 u，v，w，有 $S(u,v)+S(v,w)=S(u,w)$；中值性：对 I 上任意的 $u<v$，在 $[u,\ v]$ 上必有两点 p 和 q 使 $f(p)(v-u)\leqslant S(u,v)\leqslant f(q)(v-u)$，则称 $S(u,v)$是 $f(x)$在 I 上的一个积分系统. 若 $f(x)$在 I 上有唯一的积分系统 $S(u,v)$，则称(fx)在（I 的子区间）$[u,\ v]$ 上可积，并称数值 $S(u,v)$是 $f(x)$在 $[u,\ v]$ 上的定积分，记作 $S(u,v)=\int_u^v f(x)\mathrm{d}x$.

②（中国科学院的林群院士）林氏定义：设 $f(x)$是 $[a,\ b]$ 上的初等函数，将 $[a,\ b]$ 全段分成 $n+1$ 段后，对于每一小段 $[x,\ x+h]$ 都有导数公式成立，即 $\left|\frac{f(x+h)-f(x)}{h}-f'(x)\right|\leqslant C|h|$，对各段的尾巴作平均，左边可转换为 $\left|\sum(f(x+h)-f(x)-f'(x)h)\right| = \left|f(b)-f(a)-\sum f'(x)h\right|$. 从而不等式成为 $\left|f(b)-f(a)-\sum f'(x)h\right|\leqslant C(\max h)$. 此即得到微积分基本公式 $f(b)-f(a)=\int_a^b f(x)\mathrm{d}x$.

例 1 利用定积分的几何意义计算下列定积分．

(1) $\int_{-1}^{1}\sqrt{1-x^2}\,\mathrm{d}x$　　　(2) $\int_{0}^{a}\sqrt{a^2-x^2}\,\mathrm{d}x$　　$(a>0)$

解 (1) 由定积分的几何意义知，$\int_{-1}^{1}\sqrt{1-x^2}\,\mathrm{d}x$ 表示的是圆 $x^2+y^2=1$ 在 x 轴上方的面积．

故 $\int_{-1}^{1}\sqrt{1-x^2}\,\mathrm{d}x=\frac{1}{2}\pi\cdot 1^2=\frac{1}{2}\pi$.

(2) 同理可得 $\int_{0}^{a}\sqrt{a^2-x^2}\,\mathrm{d}x=\frac{1}{4}\pi a^2$.

二、定积分的性质

规定：(1) 当 $a=b$ 时，$\int_{a}^{b}f(x)\mathrm{d}x=0$；

(2) 当 $a>b$ 时，$\int_{a}^{b}f(x)\mathrm{d}x=-\int_{b}^{a}f(x)\mathrm{d}x$.

性质 1 设函数 $f(x)$ 及 $g(x)$ 在 $[a,b]$ 上可积，则

$$\int_{a}^{b}[f(x)\pm g(x)]\mathrm{d}x=\int_{a}^{b}f(x)\mathrm{d}x\pm\int_{a}^{b}g(x)\mathrm{d}x$$

此性质可以推广到任意有限个函数情形．

性质 2 $\int_{a}^{b}kf(x)\mathrm{d}x=k\int_{a}^{b}f(x)\mathrm{d}x$，其中 k 为常数.

性质 3 （定积分对区间的可加性）

设函数 $f(x)$ 在 $[a,b]$ 上可积，且 $a<c<b$，则 $\int_{a}^{b}f(x)\mathrm{d}x=\int_{a}^{c}f(x)\mathrm{d}x+\int_{c}^{b}f(x)\mathrm{d}x$．

此性质也可以推广到将 $[a,b]$ 分成有限个区间的情形.

性质 4 若 $f(x)\equiv 1$，则 $\int_{a}^{b}1\mathrm{d}x=\int_{a}^{b}\mathrm{d}x=b-a$．

性质 5 （不等式性质）

若在 $[a,b]$ 上，$f(x)\geqslant 0$，则 $\int_{a}^{b}f(x)\mathrm{d}x\geqslant 0$　$(a\leqslant b)$．

推论 1 若在 $[a,b]$ 上，$f(x)\geqslant g(x)$，则 $\int_{a}^{b}f(x)\mathrm{d}x\geqslant\int_{a}^{b}g(x)\mathrm{d}x$　$(a\leqslant b)$．

推论 2 $\left|\int_{a}^{b}f(x)\mathrm{d}x\right|\leqslant\int_{a}^{b}|f(x)|\mathrm{d}x$　$(a\leqslant b)$．

性质 6 （估值定理）

设 M、m 分别是 $f(x)$ 在 $[a,b]$ 上的最大值与最小值，则

$$m(b-a)\leqslant\int_{a}^{b}f(x)\mathrm{d}x\leqslant M(b-a)\quad(a\leqslant b)$$

性质 7 （积分中值定理）

若 $f(x)$ 在 $[a,b]$ 上连续，则至少存在一点 $\xi\in[a,b]$ 使得

$$\int_a^b f(x)\mathrm{d}x = f(\xi)(b-a) \quad (a \leqslant \xi \leqslant b)$$

此时 $f(\xi)=\dfrac{\int_a^b f(x)\mathrm{d}x}{b-a}$ 称为 $f(x)$ 在 $[a,b]$ 上的平均值（图 6-3）.

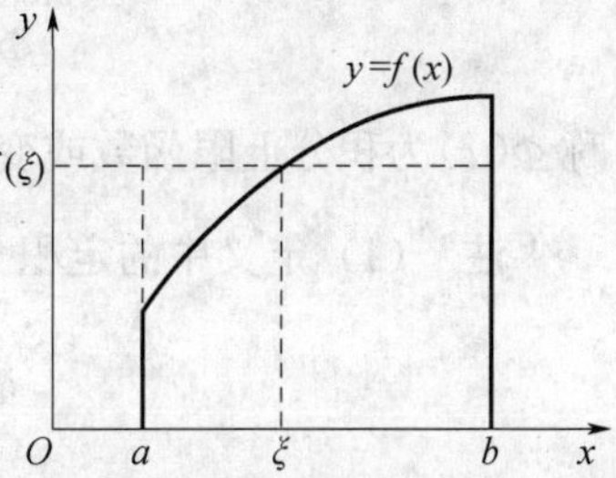

图 6-3

以上的性质与推论的证明读者可以自行完成.

例 2　比较下列各式的大小.

(1) $\int_1^2 \ln x \mathrm{d}x$ 与 $\int_1^2 (\ln x)^2 \mathrm{d}x$；(2) $\int_0^1 \mathrm{e}^x \mathrm{d}x$ 与 $\int_0^1 (1+x)\mathrm{d}x$.

解　(1) 由于在 [1, 2] 上，$0 \leqslant \ln x < 1$，

则 $\ln x \geqslant (\ln x)^2$　故 $\int_1^2 \ln x \mathrm{d}x \geqslant \int_1^2 (\ln x)^2 \mathrm{d}x$

(2) 设 $f(x)=\mathrm{e}^x-(1+x)$，则

$f'(x)=\mathrm{e}^x-1$，在 $[0,1]$ 上，$f'(x) \geqslant 0$，便有 $f(x)$ 在 $[0,1]$ 上单调递增，

即有 $f(x) \geqslant f(0)=0$，$\forall x \in [0,1]$，故有 $\mathrm{e}^x \geqslant 1+x$

所以 $\int_0^1 \mathrm{e}^x \mathrm{d}x \geqslant \int_0^1 (1+x)\mathrm{d}x$

例 3　估计下列定积分的值.

(1) $\int_1^4 (x^2+1)\mathrm{d}x$；　　(2) $\int_{-1}^2 \mathrm{e}^{-x^2}\mathrm{d}x$.

解　(1) 因为在 $[1,4]$ 上，$2 \leqslant x^2+1 \leqslant 17$

故
$$2(4-1) \leqslant \int_1^4 (x^2+1)\mathrm{d}x \leqslant 17(4-1)$$

即
$$6 \leqslant \int_1^4 (x^2+1)\mathrm{d}x \leqslant 51$$

(2) 利用求最值的方法求得 e^{-x^2} 在 [−1, 2] 上的最大值与最小值分别为 1 与 e^{-4}，

故
$$3\mathrm{e}^{-4} \leqslant \int_{-1}^2 \mathrm{e}^{-x^2}\mathrm{d}x \leqslant 3$$

第二节　微积分基本公式

利用定积分的定义计算定积分，其过程比较复杂，而且有时候也相当困难，这就启发我们必须寻求计算定积分的简单方法．本节内容就来研究定积分的计算问题．

一、积分上限函数及其导数

1. 积分上限函数

定义 1　设函数 $f(x)$ 在 $[a,b]$ 上连续，x 是 $[a,b]$ 上的任一点，$f(x)$ 在 $[a,x]$ 的定积分 $\int_a^x f(x)\mathrm{d}x$ 是区间 $[a,b]$ 上的函数，记为

$$\Phi(x)=\int_a^x f(x)\mathrm{d}x \qquad x\in[a,b]$$

称 $\Phi(x)$为积分上限函数或变上限积分.

注 (1) 定义中的定积分 $\int_a^x f(x)\mathrm{d}x$ 常用 $\int_a^x f(t)\mathrm{d}t$ 代替，故积分上限函数常记作

$$\Phi(x)=\int_a^x f(t)\mathrm{d}t \qquad x\in[a,b]$$

(2) 类似可以定义积分下限函数

$$\Phi(x)=\int_x^b f(t)\mathrm{d}t \qquad x\in[a,b]$$

2. 积分上限函数的导数

定理 1 如果函数 $f(x)$在$[a,b]$上连续，则积分上限函数

$$\Phi(x)=\int_a^x f(t)\mathrm{d}t$$

在$[a,b]$上可导，并且它的导数

$$\Phi'(x)=\frac{\mathrm{d}}{\mathrm{d}x}\int_a^x f(t)\mathrm{d}t=f(x) \qquad x\in[a,b]$$

证 设 x，$x+\Delta x\in(a,b)$，$\Phi(x)$（图 6-4）在 x 处的增量为

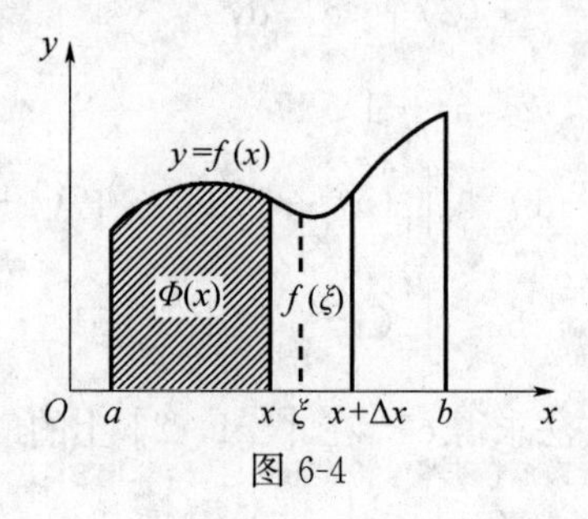

图 6-4

$$\Delta\Phi=\Phi(x+\Delta x)-\Phi(x)=\int_a^{x+\Delta x} f(t)\mathrm{d}t-\int_a^x f(t)\mathrm{d}t=\int_x^{x+\Delta x} f(t)\mathrm{d}t$$

因 $f(x)$在$[a,b]$上连续，故 $f(x)$在$[x,x+\Delta x]$或者$[x+\Delta x,x]$上连续，由积分中值定理，得

$$\Delta\Phi=\int_x^{x+\Delta x} f(t)\mathrm{d}t=f(\xi)\Delta x,\quad \xi\text{ 介于 } x \text{ 与 } x+\Delta x \text{ 之间}$$

当 $\Delta x\to 0$ 时，$\xi\to x$，于是

$$\lim_{\Delta x\to 0}\frac{\Delta\Phi}{\Delta x}=\lim_{\xi\to x}f(\xi)=f(x)=\Phi'(x)$$

定理 2 如果函数 $f(x)$在$[a,b]$上连续，则函数

$$\Phi(x)=\int_a^x f(t)\mathrm{d}t$$

就是 $f(x)$ 在 $[a,b]$ 上的一个原函数．

注　设 $\varphi(x)$，$\Phi(x)$ 均为可导函数，$f(x)$ 为连续函数，若 $\Phi(x)=\int_{\Phi(x)}^{\varphi(x)}f(t)\mathrm{d}t$

则 $\Phi'(x)=f[\varphi(x)]\varphi'(x)-f[\Phi(x)]\Phi'(x)$

例 1　求下列函数的导数.

(1) $f(x)=\int_0^{x^3}\cos t\mathrm{d}t$　　　(2) $f(x)=\int_{x^2}^{x^3}\sqrt{1+t^4}\,\mathrm{d}t$

解　(1) $f'(x)=\cos x^3\cdot(x^3)'=3x^2\cos x^3$

(2) $f'(x)=\sqrt{1+x^{12}}\cdot(x^3)'-\sqrt{1+x^8}\cdot(x^2)'=3x^2\sqrt{1+x^{12}}-2x\sqrt{1+x^8}$

例 2　求下列各式的极限.

(1) $\lim\limits_{x\to0}\dfrac{\int_0^x(1-\cos t^2)\mathrm{d}t}{x}$　　　(2) $\lim\limits_{x\to0}\dfrac{\int_{\cos x}^1\mathrm{e}^{-t^2}\mathrm{d}t}{x^2}$

解　(1) 易知这是一个 $\dfrac{0}{0}$ 型的未定式，我们利用洛必达法则，有 $\lim\limits_{x\to0}\dfrac{\int_0^x(1-\cos t^2)\mathrm{d}t}{x}=\lim\limits_{x\to0}(1-\cos x^2)=0$

(2) $\lim\limits_{x\to0}\dfrac{\int_{\cos x}^1\mathrm{e}^{-t^2}\mathrm{d}t}{x^2}=\lim\limits_{x\to0}\dfrac{\sin x\mathrm{e}^{-\cos^2x}}{2x}=\lim\limits_{x\to0}\dfrac{\mathrm{e}^{-\cos^2x}}{2}=\dfrac{1}{2\mathrm{e}}$

二、牛顿－莱布尼兹公式

定理 3　如果函数 $F(x)$ 是连续函数 $f(x)$ 在区间［a，b］的一个原函数，则

$$\int_a^bf(x)\mathrm{d}x=F(b)-F(a)$$

此公式称为牛顿－莱布尼兹公式，又称微积分基本公式．

证　因 $F(x)$ 和 $\Phi(x)=\int_a^xf(t)\mathrm{d}t$ 都是 $f(x)$ 的原函数，故它们只相差一个常数，即有

$$\Phi(x)=F(x)+C\qquad(C\text{ 为待定的常数})$$

由 $\Phi(a)=\int_a^af(t)\mathrm{d}t=0$ 得 $C=-F(a)$. 于是，有

$$\Phi(x)=F(x)-F(a)$$

令 $x=b$，即得 $\Phi(b)=\int_a^bf(t)\mathrm{d}t=F(b)-F(a)$

即
$$\int_a^bf(x)\mathrm{d}x=F(b)-F(a).$$

通常记 $F(b)-F(a)=F(x)\big|_a^b$ 或者 $F(b)-F(a)=[F(x)]_a^b$，即有

$$\int_a^bf(x)\mathrm{d}x=F(x)\big|_a^b=F(b)-F(a)\text{或者}\int_a^bf(x)\mathrm{d}x=[F(x)]_a^b=F(b)-F(a)$$

例 3　求下列定积分.

(1) $\int_{-1}^1\dfrac{1}{1+x^2}\mathrm{d}x$　　　(2) $\int_4^9\sqrt{x}(1+\sqrt{x})\mathrm{d}x$

解 (1) $\int_{-1}^{1}\frac{1}{1+x^2}\mathrm{d}x=\arctan x\big|_{-1}^{1}=\frac{\pi}{4}-\left(-\frac{\pi}{4}\right)=\frac{\pi}{2}$

(2) $\int_{4}^{9}\sqrt{x}(1+\sqrt{x})\mathrm{d}x=\int_{4}^{9}(\sqrt{x}+x)\mathrm{d}x=(\frac{2}{3}x^{\frac{3}{2}}+\frac{x^2}{2})\Big|_{4}^{9}=\frac{271}{6}$

由此可见，求定积分时，我们只需找到被积函数的一个原函数（通常是不带任意常数的原函数），然后利用牛顿－莱布尼兹公式即可．

例 4 求定积分 $\int_{-1}^{3}|2-x|\mathrm{d}x$．

解 当 $-1\leqslant x\leqslant 2$ 时，$|2-x|=2-x$；当 $3\geqslant x>2$ 时，$|2-x|=x-2$

则 $\int_{-1}^{3}|2-x|\mathrm{d}x=\int_{-1}^{2}(2-x)\mathrm{d}x+\int_{2}^{3}(x-2)\mathrm{d}x=\left(2x-\frac{x^2}{2}\right)\Big|_{-1}^{2}+\left(\frac{x^2}{2}-2x\right)\Big|_{2}^{3}=5$

注 对于被积函数含有绝对值的，应先去绝对值，然后利用定积分对积分区间的可加性求解．

第三节　定积分的换元法和分部积分法

一、定积分的换元法

定理 1 设函数 $f(x)$ 在区间 $[a, b]$ 上连续，函数 $x=\varphi(t)$ 满足条件：

(1) $\varphi(\alpha)=a$，$\varphi(\beta)=b$.

(2) $\varphi(t)$ 是定义在 $[\alpha, \beta]$ 上的单调连续函数，且具有连续的导数．

则有换元积分公式：

$$\int_{a}^{b}f(x)\mathrm{d}x=\int_{\alpha}^{\beta}f[\varphi(t)]\varphi'(t)\mathrm{d}t$$

证 设 $F(x)$ 是 $f(x)$ 的一个原函数，则 $\int_{a}^{b}f(x)\mathrm{d}x=F(b)-F(a)$，又 $F[\varphi(t)]$ 的导数是 $f[\varphi(t)]\varphi'(t)$，所以 $F[\varphi(t)]$ 是 $f[\varphi(t)]\varphi'(t)$ 的一个原函数，故有

$$\int_{\alpha}^{\beta}f[\varphi(t)]\varphi'(t)\mathrm{d}t=F[\varphi(\beta)]-F[\varphi(\alpha)]=F(b)-F(a)$$

即 $\int_{a}^{b}f(x)\mathrm{d}x=\int_{\alpha}^{\beta}f[\varphi(t)]\varphi'(t)\mathrm{d}t$．

注 (1) 用定积分换元法计算定积分时，替换的部分有 3 个：被积函数 $f(x)$ 换为 $f[\varphi(t)]$；$\mathrm{d}x$ 换为 $\varphi'(t)\mathrm{d}t$；积分上下限换为对应的上下限．

(2) 用定积分换元法计算定积分时，只要算出换元之后的定积分的值即可，无需将变量回代，这是定积分的换元法与不定积分的换元法的区别所在．

例 1 求下列定积分.

(1) $\int_{1}^{e}\frac{\ln x}{x}\mathrm{d}x$　　(2) $\int_{0}^{\frac{\pi}{2}}\cos^5x\cdot\sin x\mathrm{d}x$

解 (1) $\int_{1}^{e}\frac{\ln x}{x}\mathrm{d}x=\int_{1}^{e}\ln x\,\mathrm{d}\ln x=\frac{\ln^2x}{2}\Big|_{1}^{e}=\frac{1}{2}$

(2) $\int_0^{\frac{\pi}{2}} \cos^5 x \cdot \sin x \mathrm{d}x = -\int_0^{\frac{\pi}{2}} \cos^5 x \mathrm{d}\cos x = -\frac{\cos^6 x}{6}\Big|_0^{\frac{\pi}{2}} = \frac{1}{6}$

例 2　求下列定积分.

(1) $\int_1^5 \frac{1}{1+\sqrt{x-1}}\mathrm{d}x$　　　　(2) $\int_0^{\sqrt{2}} \sqrt{2-x^2}\,\mathrm{d}x$

解　(1) 令 $\sqrt{x-1}=t$，则 $x=t^2+1$，$\mathrm{d}x=2t\mathrm{d}t$. 当 $x=1$ 时，$t=0$；当 $x=5$ 时，$t=2$.

故　$\int_1^5 \frac{1}{1+\sqrt{x-1}}\mathrm{d}x = \int_0^2 \frac{1}{1+t}\cdot 2t\mathrm{d}t = \int_0^2 \left(2-\frac{2}{1+t}\right)\mathrm{d}t = [2t-2\ln(1+t)]\Big|_0^2 = 4-2\ln 3$

(2) 令 $x=\sqrt{2}\sin t$，则 $\mathrm{d}x=\sqrt{2}\cos t\mathrm{d}t$. 当 $x=0$ 时，$t=0$；当 $x=\sqrt{2}$ 时，$t=\frac{\pi}{2}$.

故　$\int_0^{\sqrt{2}} \sqrt{2-x^2}\,\mathrm{d}x = \int_0^{\frac{\pi}{2}} \sqrt{2}\cos t \cdot \sqrt{2}\cos t\mathrm{d}t = \int_0^{\frac{\pi}{2}} (\cos 2t+1)\,\mathrm{d}t = \left(\frac{\sin 2t}{2}+t\right)\Big|_0^{\frac{\pi}{2}} = \frac{\pi}{2}$

事实上，本题用定积分的几何意义做更为简单，读者可以尝试.

例 3　若 $f(x)$ 在 $[0,1]$ 上连续，证明：$\int_0^{\frac{\pi}{2}} f(\sin x)\mathrm{d}x = \int_0^{\frac{\pi}{2}} f(\cos x)\mathrm{d}x$.

证　令 $x=\frac{\pi}{2}-t$，则 $\mathrm{d}x=-\mathrm{d}t$，当 $x=0$ 时，$t=\frac{\pi}{2}$；当 $x=\frac{\pi}{2}$ 时，$t=0$.

则

$$\text{左边} = -\int_{\frac{\pi}{2}}^0 f(\cos t)\mathrm{d}t = \int_0^{\frac{\pi}{2}} f(\cos t)\mathrm{d}t = \int_0^{\frac{\pi}{2}} f(\cos x)\mathrm{d}x = \text{右边}$$

二、定积分的偶倍奇零性质

定理 2　设 $f(x)$ 在 $[-a,a]$ 上连续，

(1) 若 $f(x)$ 为偶函数，则 $\int_{-a}^a f(x)\mathrm{d}x = 2\int_0^a f(x)\mathrm{d}x$；

(2) 若 $f(x)$ 为奇函数，则 $\int_{-a}^a f(x)\mathrm{d}x = 0$.

证　(1) $\int_{-a}^a f(x)\mathrm{d}x = \int_{-a}^0 f(x)\mathrm{d}x + \int_0^a f(x)\mathrm{d}x$

对于 $\int_{-a}^0 f(x)\mathrm{d}x$，令 $x=-t$，则 $\mathrm{d}x=-\mathrm{d}t$，当 $x=-a$ 时，$t=a$；当 $x=0$ 时，$t=0$

$$\int_{-a}^0 f(x)\mathrm{d}x = -\int_a^0 f(-t)\mathrm{d}t = \int_0^a f(t)\mathrm{d}t$$

故 $\int_{-a}^a f(x)\mathrm{d}x = \int_{-a}^0 f(x)\mathrm{d}x + \int_0^a f(x)\mathrm{d}x = \int_0^a f(x)\mathrm{d}x + \int_0^a f(x)\mathrm{d}x = 2\int_0^a f(x)\mathrm{d}x$

对于 (2) 同理可证，读者请自行证明.

例 4　求下列定积分.

(1) $\int_{-3}^3 \frac{x\sin^2 x}{(x^4+2x^2+1)^3}\mathrm{d}x$　　　　(2) $\int_{-1}^1 (x^2-x+\tan x)\mathrm{d}x$

解　(1) 在 $[-3,3]$ 上，$\frac{x\sin^2 x}{(x^4+2x^2+1)^3}$ 为奇函数，故 $\int_{-3}^3 \frac{x\sin^2 x}{(x^4+2x^2+1)^3}\mathrm{d}x = 0$.

（2）在$[-1,1]$上，x^2 为偶函数，$-x$、$\tan x$ 均为奇函数，

故 $$\int_{-1}^{1}(x^2-x+\tan x)\mathrm{d}x=\int_{-1}^{1}x^2\mathrm{d}x=2\int_0^1 x^2\mathrm{d}x=\frac{2}{3}x^3\Big|_0^1=\frac{2}{3}$$

三、定积分的分部积分法

定理 3 若函数 $u(x)$、$v(x)$在区间$[a,b]$上均有连续的导数，则有定积分分部积分公式：

$$\int_a^b u(x)v'(x)\mathrm{d}x=u(x)v(x)\Big|_a^b-\int_a^b u'(x)v(x)\mathrm{d}x$$

证 因为$[u(x)v(x)]'=u'(x)v(x)+u(x)v'(x)$故有

$$\int_a^b[u'(x)v(x)+u(x)v'(x)]\mathrm{d}x=\int_a^b[u(x)v(x)]'\mathrm{d}x=u(x)v(x)\Big|_a^b$$

即 $$\int_a^b u(x)v'(x)\mathrm{d}x+\int_a^b u'(x)v(x)\mathrm{d}x=u(x)v(x)\Big|_a^b$$

移项即得 $$\int_a^b u(x)v'(x)\mathrm{d}x=u(x)v(x)\Big|_a^b-\int_a^b u'(x)v(x)\mathrm{d}x$$

例 5 求下列定积分.

（1）$\int_0^{\frac{1}{2}}\arcsin x\mathrm{d}x$　　（2）$\int_0^1\ln(1+x^2)\mathrm{d}x$　　（3）$\int_0^{\ln 2}x\mathrm{e}^{-x}\mathrm{d}x$

解 （1）$$\int_0^{\frac{1}{2}}\arcsin x\mathrm{d}x=x\arcsin x\Big|_0^{\frac{1}{2}}-\int_0^{\frac{1}{2}}\frac{x}{\sqrt{1-x^2}}\mathrm{d}x$$

$$=\frac{\pi}{12}+\frac{1}{2}\int_0^{\frac{1}{2}}\frac{1}{\sqrt{1-x^2}}\mathrm{d}(1-x^2)$$

$$=\frac{\pi}{12}+\sqrt{1-x^2}\Big|_0^{\frac{1}{2}}=\frac{\pi}{12}+\frac{\sqrt{3}}{2}-1$$

（2）$$\int_0^1\ln(1+x^2)\mathrm{d}x=x\ln(1+x^2)\Big|_0^1-\int_0^1\frac{2x^2}{1+x^2}\mathrm{d}x$$

$$=\ln 2-2\int_0^1(1-\frac{1}{1+x^2})\mathrm{d}x$$

$$=\ln 2-2(x-\arctan x)\Big|_0^1=\ln 2-2+\frac{\pi}{2}$$

（3）$$\int_0^{\ln 2}x\mathrm{e}^{-x}\mathrm{d}x=-\int_0^{\ln 2}x\mathrm{d}\mathrm{e}^{-x}$$

$$=-x\mathrm{e}^{-x}\Big|_0^{\ln 2}+\int_0^{\ln 2}\mathrm{e}^{-x}\mathrm{d}x$$

$$=-\frac{\ln 2}{2}-\mathrm{e}^{-x}\Big|_0^{\ln 2}=\frac{1-\ln 2}{2}$$

例 6 设函数 $f(x)$在$[0,2]$上有二阶连续的导数，$f(0)=f(2)$，$f'(2)=1$，求 $\int_0^1 2xf''(2x)\mathrm{d}x$.

解 令 $2x=t$，即 $x=\frac{t}{2}$，则 $\mathrm{d}x=\frac{\mathrm{d}t}{2}$，当 $x=0$ 时，$t=0$；当 $x=1$ 时，$t=2$.

$$\int_0^1 2xf''(2x)\mathrm{d}x = \frac{1}{2}\int_0^2 tf''(t)\mathrm{d}t = \frac{1}{2}\int_0^2 t\mathrm{d}f'(t)$$

$$= \frac{1}{2}tf'(t)\Big|_0^2 - \frac{1}{2}\int_0^2 f'(t)\mathrm{d}t$$

$$= 1 - \frac{1}{2}f(t)\Big|_0^2 = 1$$

第四节　广义积分初步

前面我们学习了定积分的计算方法，它们都是在有限区间且被积函数有界的条件下进行的．但实际应用中，我们还会经常遇到积分区间为无穷区间，或者被积函数无界的情形，对于这些类型的积分又如何计算呢？这节我们就来解决这个问题．

一、无穷限的广义积分

定义 1　设函数 $f(x)$在区间 $[a, +\infty)$ 上连续，任取 $t>a$，如果极限

$$\lim_{t\to+\infty}\int_a^t f(x)\mathrm{d}x$$

存在，则称此极限为函数 $f(x)$ 在无穷区间 $[a, +\infty)$ 上的广义积分，记作 $\int_a^{+\infty} f(x)\mathrm{d}x$，即

$$\int_a^{+\infty} f(x)\mathrm{d}x = \lim_{t\to+\infty}\int_a^t f(x)\mathrm{d}x$$

此时也称广义积分 $\int_a^{+\infty} f(x)\mathrm{d}x$ 收敛，否则，称广义积分 $\int_a^{+\infty} f(x)\mathrm{d}x$ 发散．

类似地，可以定义广义积分 $\int_{-\infty}^b f(x)\mathrm{d}x$ 和 $\int_{-\infty}^{+\infty} f(x)\mathrm{d}x$ 的敛散性．

（1）若 $\lim\limits_{u\to-\infty}\int_u^b f(x)\mathrm{d}x$ 存在，则称 $\int_{-\infty}^b f(x)\mathrm{d}x$ 收敛，否则，称 $\int_{-\infty}^b f(x)\mathrm{d}x$ 发散；

（2）设 $c\in(-\infty,+\infty)$为任一实数，$\int_{-\infty}^{+\infty} f(x)\mathrm{d}x = \int_{-\infty}^c f(x)\mathrm{d}x + \int_c^{+\infty} f(x)\mathrm{d}x$，若 $\int_{-\infty}^c f(x)\mathrm{d}x$ 与 $\int_c^{+\infty} f(x)\mathrm{d}x$ 都收敛，则称 $\int_{-\infty}^{+\infty} f(x)\mathrm{d}x$ 收敛．

上述的三种广义积分称为无穷限的广义积分，广义积分又称反常积分．

注　利用牛顿－莱布尼兹公式和求极限的方法判断广义积分的敛散性，为了书写方便，我们可以采用下面的记法：

设 $F(x)$是 $f(x)$的一个原函数：

(1) $\int_a^{+\infty} f(x)\mathrm{d}x = \lim\limits_{t\to+\infty}\int_a^t f(x)\mathrm{d}x = F(x)\Big|_a^{+\infty} = \lim\limits_{x\to+\infty} F(x) - F(a) = F(+\infty) - F(a)$

(2) $\int_{-\infty}^b f(x)\mathrm{d}x = \lim\limits_{u\to-\infty}\int_u^b f(x)\mathrm{d}x = F(x)\Big|_{-\infty}^b = F(b) - \lim\limits_{x\to-\infty} F(x) = F(b) - F(-\infty)$

(3) $\int_{-\infty}^{+\infty} f(x)\mathrm{d}x = F(x)\Big|_{-\infty}^{+\infty} = \lim\limits_{x\to+\infty} F(x) - \lim\limits_{x\to-\infty} F(x) = F(+\infty) - F(-\infty)$

例 1 判断下列广义积分的敛散性，若收敛，求其值．

(1) $\int_{2}^{+\infty} \frac{1}{x^2+x-2}\mathrm{d}x$　　　(2) $\int_{-\infty}^{+\infty} \frac{1}{1+x^2}\mathrm{d}x$

解 (1) $\int_{2}^{+\infty} \frac{1}{x^2+x-2}\mathrm{d}x = \int_{2}^{+\infty} \frac{1}{(x-1)(x+2)}\mathrm{d}x$

$$= \frac{1}{3}\int_{2}^{+\infty} \left(\frac{1}{x-1} - \frac{1}{x+2}\right)\mathrm{d}x$$

$$= \frac{1}{3}\ln\frac{x-1}{x+2}\Big|_{2}^{+\infty} = \frac{2}{3}\ln 2$$

故原广义积分收敛，其值为$\frac{2}{3}\ln 2$.

(2) $\int_{-\infty}^{+\infty} \frac{1}{1+x^2}\mathrm{d}x = \arctan x\Big|_{-\infty}^{+\infty} = \frac{\pi}{2} - \left(-\frac{\pi}{2}\right) = \pi$

故原广义积分收敛，其值为 π.

例 2 讨论广义积分$\int_{a}^{+\infty} \frac{1}{x^p}\mathrm{d}x$ 的敛散性，其中 $a>0$.

解 当 $p=1$ 时，$\int_{a}^{+\infty} \frac{1}{x^p}\mathrm{d}x = \int_{a}^{+\infty} \frac{1}{x}\mathrm{d}x = \ln x\Big|_{a}^{+\infty} = +\infty$

当 $p<1$ 时，$\int_{a}^{+\infty} \frac{1}{x^p}\mathrm{d}x = \frac{x^{1-p}}{1-p}\Big|_{a}^{+\infty} = +\infty$

当 $p>1$ 时，$\int_{a}^{+\infty} \frac{1}{x^p}\mathrm{d}x = \frac{x^{1-p}}{1-p}\Big|_{a}^{+\infty} = \frac{a^{1-p}}{p-1}$

综上可知，当 $p\leqslant 1$ 时，$\int_{a}^{+\infty} \frac{1}{x^p}\mathrm{d}x$ 发散；当 $p>1$ 时，$\int_{a}^{+\infty} \frac{1}{x^p}\mathrm{d}x$ 收敛．

二、无界函数的广义积分（瑕积分）

如果 $f(x)$在 a 的任一邻域内都无界，称 a 为 $f(x)$的瑕点．如 $f(x)=\frac{1}{x}$在 $x=0$ 的任一邻域内都无界，所以 $x=0$ 是 $f(x)=\frac{1}{x}$的一个瑕点．

定义 2 设函数 $f(x)$在区间 $(a, b]$ 上连续，点 a 为 $f(x)$的瑕点（即 $\lim\limits_{x\to a^+} f(x)=\infty$），取 $t>a$，如果极限 $\lim\limits_{t\to a^+}\int_{t}^{b} f(x)\mathrm{d}x$ 存在，则称此极限为函数 $f(x)$在区间 $(a, b]$ 上的广义积分，记作$\int_{a}^{b} f(x)\mathrm{d}x$，即$\int_{a}^{b} f(x)\mathrm{d}x = \lim\limits_{t\to a^+}\int_{t}^{b} f(x)\mathrm{d}x$．此时也称广义积分$\int_{a}^{b} f(x)\mathrm{d}x$ 收敛，否则，称广义积分$\int_{a}^{b} f(x)\mathrm{d}x$ 发散．

类似地，可以定义 b 为瑕点的广义积分$\int_{a}^{b} f(x)\mathrm{d}x$ 和 $c\,(a<c<b)$为瑕点的广义积分$\int_{a}^{b} f(x)\mathrm{d}x$ 的敛散性．

（1）$f(x)$在区间 $[a, b)$ 上连续，点 b 为 $f(x)$的瑕点，若 $\lim\limits_{u\to b^-}\int_a^u f(x)\mathrm{d}x$ 存在，则 $\int_a^b f(x)\mathrm{d}x$ 称收敛，否则，称$\int_a^b f(x)\mathrm{d}x$ 发散；

（2）设 $f(x)$在区间 $[a, b]$ 上除 c 点外处处连续（$c\in(a, b)$），c 为瑕点，

$\int_a^b f(x)\mathrm{d}x=\int_a^c f(x)\mathrm{d}x+\int_c^b f(x)\mathrm{d}x$，若$\int_a^c f(x)\mathrm{d}x$ 与$\int_c^b f(x)\mathrm{d}x$ 都收敛，则称$\int_a^b f(x)\mathrm{d}x$ 收敛.

上述的三种广义积分称为无界函数的广义积分，又称瑕积分.

注　利用牛顿－莱布尼兹公式和求极限的方法判断广义积分的敛散性，为了书写方便，我们可以采用下面的记法：

设 $F(x)$是 $f(x)$的一个原函数：

（1）点 a 为 $f(x)$的瑕点

$$\int_a^b f(x)\mathrm{d}x=\lim_{t\to a^+}\int_t^b f(x)\mathrm{d}x=F(x)\Big|_a^b=F(b)-\lim_{x\to a^+}F(x)$$

（2）点 b 为 $f(x)$的瑕点

$$\int_a^b f(x)\mathrm{d}x=\lim_{u\to b^-}\int_a^u f(x)\mathrm{d}x=F(x)\Big|_a^b=\lim_{x\to b^-}F(x)-F(a)$$

（3）c 为瑕点($a<c<b$)

$$\int_a^b f(x)\mathrm{d}x=F(x)\Big|_a^c+F(x)\Big|_c^b=\Big[\lim_{x\to c^-}F(x)-F(a)\Big]+\Big[F(b)-\lim_{x\to c^+}F(x)\Big]$$

例 3　讨论下列积分的敛散性.

（1）$\int_1^2\frac{1}{x-1}\mathrm{d}x$　　　　（2）$\int_{-1}^1\frac{1}{x^2}\mathrm{d}x$

解　（1）$\int_1^2\frac{1}{x-1}\mathrm{d}x=\ln(x-1)\Big|_1^2=+\infty$

故原广义积分发散.

（2）$\int_{-1}^1\frac{1}{x^2}\mathrm{d}x=\int_{-1}^0\frac{1}{x^2}\mathrm{d}x+\int_0^1\frac{1}{x^2}\mathrm{d}x$

因为$\int_0^1\frac{1}{x^2}\mathrm{d}x=-\frac{1}{x}\Big|_0^1=+\infty$，故原广义积分发散.

例 4　讨论$\int_a^b\frac{1}{(x-a)^p}\mathrm{d}x$ 的敛散性.

解　当 $p=1$ 时，$\int_a^b\frac{1}{(x-a)^p}\mathrm{d}x=\int_a^b\frac{1}{x-a}\mathrm{d}x=\ln(x-a)\Big|_a^b=\infty$

当 $p<1$ 时，$\int_a^b\frac{1}{(x-a)^p}\mathrm{d}x=\frac{(x-a)^{1-p}}{1-p}\Big|_a^b=\frac{(b-a)^{1-p}}{1-p}$

当 $p>1$ 时，$\int_a^b\frac{1}{(x-a)^p}\mathrm{d}x=\frac{(x-a)^{1-p}}{1-p}\Big|_a^b=\infty$

综上可知，当 $p\geqslant1$ 时，$\int_a^b\frac{1}{(x-a)^p}\mathrm{d}x$ 发散；当 $p<1$ 时，$\int_a^b\frac{1}{(x-a)^p}\mathrm{d}x$ 收敛.

第五节　定积分的应用

一、定积分的元素法

在定积分的几何应用中，经常要用到元素法解决问题，下面我们就来了解一下什么是元素法．

一般地，在实际问题中，所求的量 T 是与函数 $f(x)$ 相关的量，且如果能满足下列的条件，就可以考虑用定积分来表示．

条件：(1) T 是与一个变量 x 的变化区间 $[a, b]$ 有关的量；

(2) T 对于区间 $[a, b]$ 具有可加性；

(3) 部分量 $\Delta T_i \approx f(\xi_i)\Delta x_i$

求满足上述条件的变量 T 具体步骤：

(1) 依据实际情况，选取一个变量如 x，并确定其变化区间 $[a, b]$；

(2) 在 $[a, b]$ 上任取一个小区间 $[x, x+\Delta x]$，在 $[x, x+\Delta x]$ 上求出变量 T 的近似值 $f(x)\mathrm{d}x$，把 $f(x)\mathrm{d}x$ 称为变量 T 的元素或微元，记为 $\mathrm{d}T$，即

$$\mathrm{d}T = f(x)\mathrm{d}x$$

(3) 以 $f(x)\mathrm{d}x$ 作为被积表达式，在 $[a, b]$ 上作定积分，就为 T 的值，即

$$T = \int_a^b \mathrm{d}T = \int_a^b f(x)\mathrm{d}x$$

以上这种方法称为定积分的元素法或微元法．

二、平面图形的面积

根据定积分的几何意义，我们知道曲边梯形的面积可以用定积分表示，而对于一个平面图形总是可以分割成若干个曲边梯形，进而化为计算定积分．为了便于读者对平面图形面积公式的掌握，下面我们分两种情况来讨论：

1. x一型平面图形

由曲线 $y=f(x)$、$y=g(x)$，及直线 $x=a$、$x=b(a\leqslant b)$ 所围成的平面图形，称为 x一型平面图形（图 6-5）．

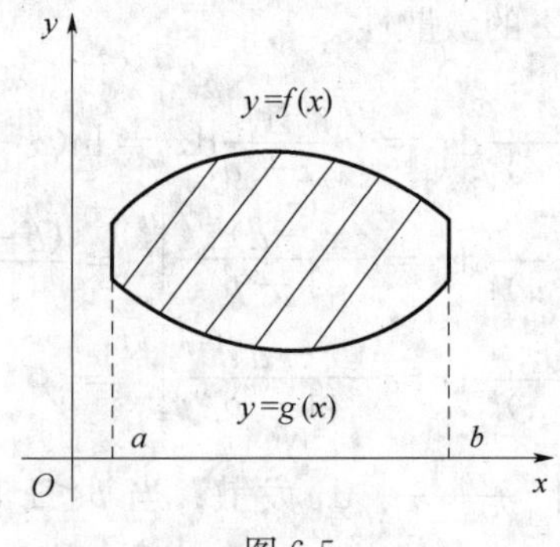

图 6-5

此类型的平面图形的面积为

$$A=\int_a^b|f(x)-g(x)|\mathrm{d}x$$

$$=\begin{cases}\int_a^b[f(x)-g(x)]\mathrm{d}x,\ f(x)\geqslant g(x)\\ \int_a^b[g(x)-f(x)]\mathrm{d}x,\ f(x)<g(x)\end{cases}$$

2. y一型平面图形

由曲线 $x=\Phi(y)$、$x=\varphi(y)$，及直线 $y=c$、$y=d(c\leqslant d)$所围成的平面图形，称为 y一型平面图形（图 6-6）.

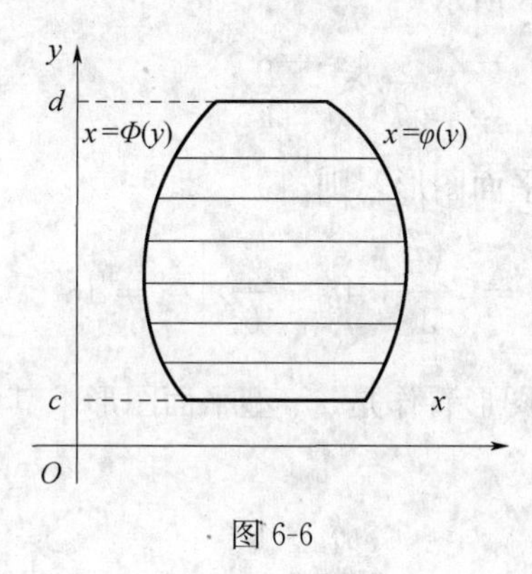

图 6-6

此类型的平面图形的面积为

$$A=\int_c^d|\varphi(y)-\Phi(y)|\mathrm{d}y$$

$$=\begin{cases}\int_c^d[\varphi(y)-\Phi(y)]\mathrm{d}y,\ \varphi(y)\geqslant\Phi(y)\\ \int_c^d[\Phi(y)-\varphi(y)]\mathrm{d}y,\ \varphi(y)<\Phi(y)\end{cases}$$

上述的平面图形的面积计算公式由元素法立即就可以得到．对于一般复杂的平面图形，用平行于坐标轴的直线总是可以把该平面图形分成若干个 x一型平面图形或 y一型平面图形．

注　求平面图形面积的一般步骤：

(1) 根据题意画出平面图形的草图，有交点的要求出交点的坐标；

(2) 由草图来确定选用 x一型平面图形的计算公式还是 y一型平面图形的计算公式．

(3) 计算定积分．

例 1　计算由两条抛物线 $y^2=x$，$x=y^2$ 所围成的图形的面积．

解　所求平面图形如图 6-7 所示.

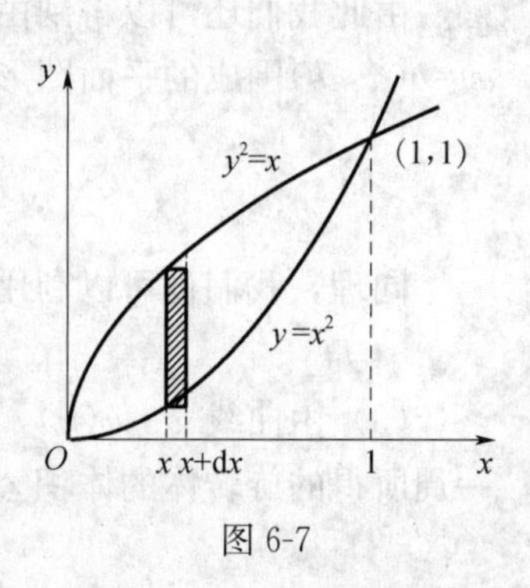

图 6-7

由$\begin{cases}y^2=x\\y=x^2\end{cases}$，　解得$\begin{cases}x_1=0\\y_1=0\end{cases}$或$\begin{cases}x_2=1\\y_2=1\end{cases}$

将平面图形看作 x—型平面图形，则

$$A=\int_0^1(\sqrt{x}-x^2)\mathrm{d}x=(\frac{2}{3}x^{\frac{3}{2}}-\frac{x^3}{3})\Big|_0^1=\frac{1}{3}$$

当然本题也可以将平面图形看作是 y—型平面图形.

例 2　计算抛物线 $y^2=2x$ 与直线 $y=x-4$ 所围成的图形的面积.

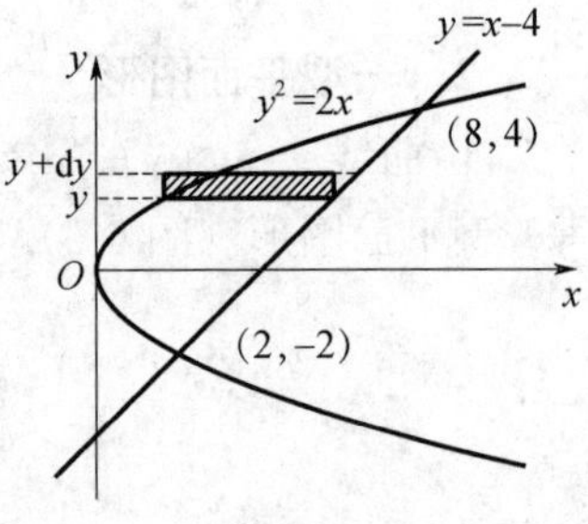

解　该平面图形如图 6-8 所示.

由$\begin{cases}y^2=2x\\y=x-4\end{cases}$，　解得$\begin{cases}x_1=2\\y_1=-2\end{cases}$或$\begin{cases}x_2=8\\y_2=4\end{cases}$

将平面图形看作 y—型平面图形，则

图 6-8

$$A=\int_{-2}^4[(y+4)-\frac{y^2}{2}]\mathrm{d}y=(\frac{y^2}{2}+4y-\frac{y^3}{6})\Big|_{-2}^4=18$$

读者可以尝试把该平面图形看作是 x—型平面图形求其面积.

三、体积

1. 旋转体的体积

（1）旋转体的定义

一个平面图形绕该平面内的一条直线旋转一周所形成的几何体，称为旋转体.

（2）由曲线 $y=f(x)$，直线 $x=a$，$x=b(a<b)$及 x 轴围成的平面图形绕 x 轴旋转一周所得的旋转体的体积公式为

$$V_x=\pi\int_a^b f^2(x)\mathrm{d}x$$

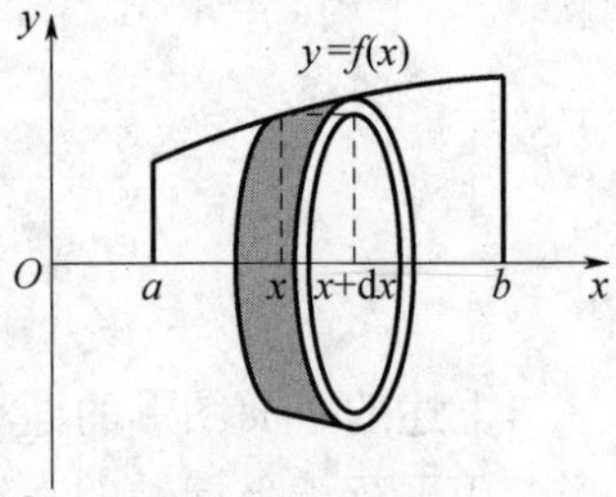

图 6-9

利用元素法（图 6-9）就可以推导其公式.

由此我们还可以得到由曲线 $y=f(x)$，$y=g(x)(f(x)\geqslant g(x)\geqslant 0)$，直线 $x=a$，$x=b(a<b)$围成的平面图形绕 x 轴旋转一周所得的旋转体的体积公式为

$$V_x=\pi\int_a^b[f^2(x)-g^2(x)]\mathrm{d}x$$

同理，我们也可以利用元素法得到平面图形绕 y 轴旋转一周所得的旋转体的体积公式.

（3）由曲线 $x=\varphi(y)$，直线 $y=c$，$y=d(c<d)$及 y 轴围成的平面图形绕 y 轴旋转一周所得的旋转体的体积公式为

$$V_y=\pi\int_c^d\varphi^2(y)\mathrm{d}y$$

由此我们可以得到由曲线 $x=\varphi(y)$，$x=\Phi(y)(\varphi(y)\geqslant\Phi(y)\geqslant 0)$，直线 $y=c$，$y=d(c<d)$围成的平面图形绕 y 轴旋转一周所得的旋转体的体积公式为

$$V_y=\pi\int_c^d[\varphi^2(y)-\Phi^2(y)]\mathrm{d}y$$

例 3　求由曲线 $xy=a(a>0)$与直线 $x=a$，$x=2a$ 及 x 轴所围成的图形分别绕 x 轴及 y 轴旋转一周所得的旋转体的体积．

解　该平面图形如图 6-10 所示.

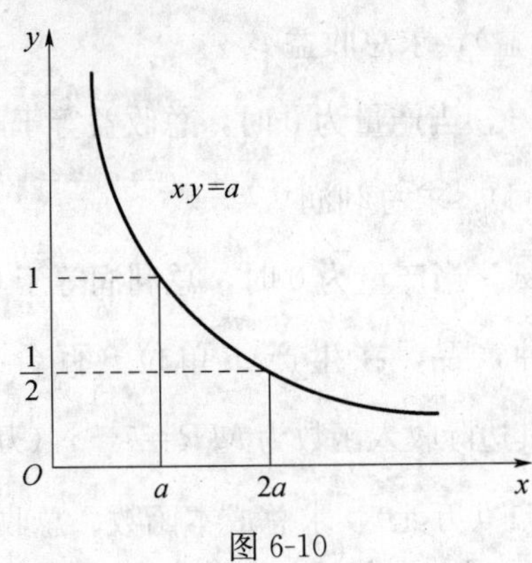

图 6-10

$$V_x=\pi\int_a^{2a}f^2(x)\mathrm{d}x=\pi\int_a^{2a}\frac{a^2}{x^2}\mathrm{d}x=-a^2\pi\frac{1}{x}\Big|_a^{2a}=\frac{a\pi}{2}$$

将 $x=a$，$x=2a$ 分别代入 $xy=a$ 得 $y=1$ 与 $y=\frac{1}{2}$，用直线 $y=\frac{1}{2}$将平面图形分成两部分，则

$$V_y=V_1+V_2=\pi\int_0^{\frac{1}{2}}[(2a)^2-a^2]\mathrm{d}y+\pi\int_{\frac{1}{2}}^1\left[\left(\frac{a}{y}\right)^2-a^2\right]\mathrm{d}y$$

$$=3\pi a^2y\Big|_0^{\frac{1}{2}}+\pi a^2\left(-\frac{1}{y}-y\right)\Big|_{\frac{1}{2}}^1=2\pi a^2$$

例 4　计算椭圆$\frac{x^2}{a^2}+\frac{y^2}{b^2}=1$ 所围成的图形绕 x 轴旋转一周所得的旋转体的体积．其中 $a>0$，$b>0$.

大家可以尝试用元素法求解. 下面我们就直接利用公式求解.

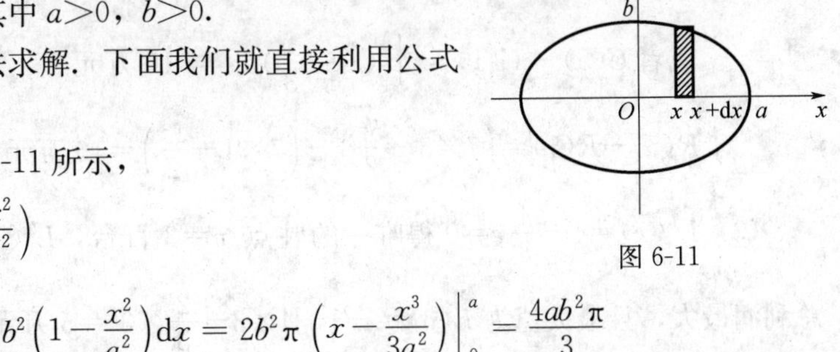

图 6-11

解　由题意椭圆如图 6-11 所示，

依题意得 $y^2=b^2\left(1-\frac{x^2}{a^2}\right)$

$$V_x=2\pi\int_0^a b^2\left(1-\frac{x^2}{a^2}\right)\mathrm{d}x=2b^2\pi\left(x-\frac{x^3}{3a^2}\right)\Big|_0^a=\frac{4ab^2\pi}{3}$$

2. 已知平行截面面积的立体体积

设立体位于垂直于 x 轴的平面 $x=a$ 与 $x=b$ 之间，过$[a,b]$上任一点 x 作垂直于 x 轴的平面，它截立体所得截面面积是 x 的函数，记为 $A(x)$，立体中相应于$[a,b]$上任

一小区间$[x,x+dx]$的体积$\Delta V\approx dV=A(x)dx$，则$V=\int_a^b A(x)dx$.

四、定积分在经济中简单的应用

已知边际函数求总量函数，这是定积分在经济中最常见的应用.

（1）已知MC（边际成本），求总成本.

C（总成本）$=\int_0^x MCdx$，当产量为0时，总成本等于固定成本.

（2）已知MR（边际收益），求总收益.

R（总收益）$=\int_0^x MRdx$，当产量为0时，总收益等于0.

（3）已知ML（边际利润），求总利润.

L（总利润）$=\int_0^x MLdx$，当产量为0时，总利润等于0.

例5 一工厂生产某种产品，在生产x单位（百台）时，其边际成本函数为$MC=3+\frac{x}{3}$（万元/百台）；其边际收入函数为$MR=7-x$（万元/百台）.

（1）若固定成本$C(0)=1$（万元），求总成本函数、总收益函数与总利润函数.

（2）当产量从100台增加到200台时，求总成本和总收益的增加量.

（3）当产量为多少时，总利润最大？最大利润为多少？

解 （1）总成本$C(x)=1+\int_0^x(3+\frac{x}{3})dx=1+\int_0^x(3+\frac{t}{3})dt$

$$=1+3x+\frac{1}{6}x^2$$

总收益函数$R(x)=\int_0^x(7-t)dt=7x-\frac{x^2}{2}$

总利润函数$L(x)=R(x)-C(x)$

$$=(7x-\frac{x^2}{2})-(1+3x+\frac{1}{6}x^2)=-1+4x-\frac{2}{3}x^2$$

（2）$C(5)-C(1)=\left(1+3\times5+\frac{1}{6}\times5^2\right)-(1+3\times1+\frac{1}{6}\times1^2)=16$万元

或者$C(5)-C(1)=\int_1^5(3+\frac{x}{3})dx=16$万元

$R(5)-R(1)=\left(7\times5-\frac{5^2}{2}\right)-\left(7\times1-\frac{1^2}{2}\right)=16$万元

（3）$L'(x)=4-\frac{4}{3}x=0$得唯一的驻点$x=3$百台，$L''(3)=-\frac{4}{3}<0$，故$x=3$时，总利润最大，且最大值为$L(3)=-1+4\times3-\frac{2}{3}\times3^2=5$万元.

习　题　六

(A)

1. 利用定积分几何意义，求下列定积分.

(1) $\int_{-4}^{4}\sqrt{16-x^2}\,dx$；　(2) $\int_{0}^{2}3x\,dx$；

(3) $\int_{0}^{1}\sqrt{1-x^2}\,dx$；　(4) $\int_{-2}^{2}|x|\,dx$.

2. 比较下列定积分的大小.

(1) $\int_{0}^{1}x^2\,dx$ 与 $\int_{0}^{1}x^4\,dx$；　(2) $\int_{1}^{\frac{5}{2}}\ln^2 x\,dx$ 与 $\int_{1}^{\frac{5}{2}}\ln x\,dx$；

(3) $\int_{1}^{\frac{\pi}{2}}\sin x\,dx$ 与 $\int_{1}^{\frac{\pi}{2}}\sin^2 x\,dx$；　(4) $\int_{0}^{2}(1+x)\,dx$ 与 $\int_{0}^{2}e^x\,dx$.

3. 估计下列定积分的值.

(1) $\int_{-1}^{1}e^{-x^2}\,dx$；　(2) $\int_{\frac{\pi}{4}}^{\frac{5\pi}{4}}(1+\sin^2 x)\,dx$；

(3) $\int_{\frac{1}{\sqrt{3}}}^{\sqrt{3}}x\arctan x\,dx$；　(4) $\int_{0}^{2}e^{x^2-x}\,dx$.

4. 求下列各式的极限.

(1) $\lim\limits_{x\to 0}\dfrac{\int_{0}^{x}\arctan t\,dt}{2x^2}$；　(2) $\lim\limits_{x\to 0}\dfrac{\int_{0}^{x}\cos t^2\,dt}{3x}$；

(3) $\lim\limits_{x\to 0}\dfrac{\int_{0}^{x}(1+2t)^{\frac{1}{t}}\,dt}{x}$；　(4) $\lim\limits_{x\to 0}\dfrac{\left(\int_{0}^{x}e^{t^2}\,dt\right)^2}{\int_{0}^{x}te^{2t^2}\,dt}$.

5. 计算下列定积分.

(1) $\int_{1}^{2}(4x^3+2x-1)\,dx$；　(2) $\int_{1}^{2}\left(x^2+\dfrac{1}{x^3}\right)dx$；

(3) $\int_{1}^{4}\sqrt{x}(1-\sqrt{x})\,dx$；　(4) $\int_{0}^{2}(e^x-x+2)\,dx$；

(5) $\int_{2}^{6}\dfrac{1}{x+x^2}\,dx$；　(6) $\int_{0}^{2\pi}|\cos x|\,dx$.

6. 计算下列定积分.

(1) $\int_{\frac{\pi}{3}}^{\frac{\pi}{2}}\cos\left(x+\dfrac{\pi}{3}\right)dx$；　(2) $\int_{0}^{\frac{\pi}{2}}\sin t\cos^4 t\,dt$；

(3) $\int_{-1}^{2}\dfrac{1}{(4+3x)^2}\,dx$；　(4) $\int_{\frac{\pi}{6}}^{\frac{\pi}{2}}\sin^2 t\,dt$；

(5) $\int_{-1}^{1}\dfrac{1}{x^2+2x+5}\,dx$；　(6) $\int_{1}^{e^3}\dfrac{1}{x\sqrt{1+\ln x}}\,dx$；

(7) $\int_0^1 te^{-\frac{t^2}{2}}dt$；

(8) $\int_0^{16}\frac{1}{\sqrt{x+9}-\sqrt{x}}dx$；

(9) $\int_{-\frac{1}{2}}^{\frac{1}{2}}\frac{(\arcsin x)^3}{\sqrt{1-x^2}}dx$；

(10) $\int_0^1\frac{x}{1+x^2}dx$；

(11) $\int_1^4\frac{1}{1+\sqrt{x}}dx$；

(12) $\int_1^2\sqrt{x-1}\,(x+1)^2dx$；

(13) $\int_1^{\sqrt{3}}\frac{1}{x^2\sqrt{1+x^2}}dx$；

(14) $\int_{\frac{\sqrt{2}}{2}}^1\frac{\sqrt{1-x^2}}{x^2}dx$；

(15) $\int_0^{\pi}\sqrt{1+\cos 2x}\,dx$；

(16) $\int_{-\frac{\pi}{2}}^{\frac{\pi}{2}}\sqrt{\cos x-\cos^3 x}\,dx$.

7. 求下列定积分 .

(1) $\int_0^1 xe^x dx$；

(2) $\int_0^1\ln(1+x^2)dx$；

(3) $\int_1^4\frac{\ln x}{\sqrt{x}}dx$；

(4) $\int_0^{\frac{\pi}{4}} x\sin x dx$；

(5) $\int_0^1 x\arctan x dx$；

(6) $\int_1^{e^{\frac{\pi}{2}}}\cos(\ln x)dx$；

(7) $\int_0^1 e^{\sqrt{x}}dx$；

(8) $\int_0^{\frac{\pi}{2}} e^{2x}\cos x dx$.

8. 设 $f(x)$在 $[a,b]$ 上连续，证明：

(1) $\int_a^b f(x)dx=\int_a^b f(a+b-x)dx$；

(2) $\int_a^b f(x)dx=(b-a)\int_0^1 f[a+(b-a)x]dx$.

9. 判断下列广义积分的敛散性，如果收敛，计算广义积分的值 .

(1) $\int_1^{+\infty}\frac{1}{x^3}dx$；

(2) $\int_2^{+\infty}\frac{1}{\sqrt{x}}dx$；

(3) $\int_0^{+\infty}e^{ax}dx$（a 为常数）；

(4) $\int_{-\infty}^{+\infty}\frac{1}{x^2+2x+2}dx$；

(5) $\int_1^2\frac{x}{\sqrt{x-1}}dx$；

(6) $\int_0^3\frac{1}{(1-x)^2}dx$；

(7) $\int_0^2\frac{1}{x^2-4x+3}dx$；

(8) $\int_1^e\frac{1}{x\sqrt{1-(\ln x)^2}}dx$.

10. 计算由下列曲线所围成的图形的面积 .

(1) 双曲线 $y=\frac{1}{x}$ 与直线 $y=x$ 及 $x=3$；

(2) 抛物线 $y=3x^2-1$ 与直线 $y=5-3x$；

(3) 双曲线 $xy=6$ 与直线 $x+y=7$；

(4) 曲线 $y=\ln x$，y 轴与直线 $y=\ln a$，$y=\ln b$ $(b>a>0)$；

(5) 曲线 $y=e^x$，直线 $y=e$ 与 $x=0$；

(6) 抛物线 $y=\frac{1}{2}x^2$ 与曲线 $x^2+y^2=8$ $(y\geqslant 0)$.

11. 求由下列已知曲线围成的图形绕指定轴旋转一周形成的旋转体的体积．

(1) $y=x^2$，$x=y^2$，绕 x 轴，绕 y 轴；

(2) $y=x^3$，$x=1$，$y=0$，绕 x 轴；

(3) $y^2=4x$，$x=1$，绕 x 轴；

(4) $y=\cos x\left(0\leqslant x\leqslant\frac{\pi}{2}\right)$，$y=0$，$x=0$，绕 x 轴．

12. 已知某产品的边际成本和边际收益函数分别为

$$C'(Q)=Q^2-4Q+6,\quad R'(Q)=105-2Q$$

且固定成本为 100. 其中 Q 为销售量，$C(Q)$ 为总成本，$R(Q)$ 为总收益．求最大利润.

13. 已知某产品生产 Q 个单位时，其边际收益为

$$MR(Q)=200-\frac{Q}{100}$$

求：(1) 生产 50 个单位产品时的总收益；

(2) 现设已生产了 100 个单位的该产品，若再生产 100 个单位，总收益将增加多少?

(B)

1. 求下列定积分．

(1) $\int_{\frac{\pi}{4}}^{\frac{\pi}{2}}\frac{x\cos x+\sin x}{(x\sin x)^2}\mathrm{d}x$；　　(2) $\int_{\frac{\pi}{2}}^{2\arctan 2}\frac{1}{(1-\cos x)\sin^2 x}\mathrm{d}x$；

(3) $\int_{\frac{1}{2}}^{\frac{3}{2}}\frac{1}{\sqrt{|x^2-x|}}\mathrm{d}x$；　　(4) $\int_0^x\max\{t^3,t^2,1\}\mathrm{d}t\quad(x\geqslant 0)$.

2. 设 $f(x)$在区间$[a,b]$上连续，且 $f(x)>0$, $F(x)=\int_a^x f(t)\mathrm{d}t+\int_b^x\frac{1}{f(t)}\mathrm{d}t$，$x\in[a,b]$.

证明：(1) $F'(x)\geqslant 2$；

(2) 方程 $F(x)=0$ 在区间(a,b)内有且仅有一个根．

3. 求 $\int_0^2 f(x-1)\mathrm{d}x$，其中 $f(x)=\begin{cases}\frac{1}{1+x}, & x\geqslant 0\\ \frac{1}{1+\mathrm{e}^x}, & x<0\end{cases}$

4. 求证：$\int_0^{\frac{\pi}{2}}\frac{\sin x}{\sin x+\cos x}\mathrm{d}x=\int_0^{\frac{\pi}{2}}\frac{\cos x}{\sin x+\cos x}\mathrm{d}x$，并求 $\int_0^{\frac{\pi}{2}}\frac{\sin x}{\sin x+\cos x}\mathrm{d}x$．

5. 设连续函数 $f(x)$满足 $f(x)=x+x^2\int_0^2 f(x)\mathrm{d}x$，求 $f(x)$.

6. 设 $f(x)=\int_1^{x^2}\mathrm{e}^{-t^2}\mathrm{d}t$，求 $\int_0^1 xf(x)\mathrm{d}x$．

7. 已知 $f(\pi)=2$，$\int_0^{\pi}[f(x)+f''(x)]\sin x\mathrm{d}x=5$，求 $f(0)$.

8. 证明：$I_n=\int_0^{\frac{\pi}{2}}\sin^n x\mathrm{d}x=\int_0^{\frac{\pi}{2}}\cos^n x\mathrm{d}x$

$$=\begin{cases}\frac{n-1}{n}\cdot\frac{n-3}{n-2}\cdot\cdots\cdot\frac{3}{4}\cdot\frac{1}{2}\cdot\frac{\pi}{2}, & n\text{ 为正偶数}\\ \frac{n-1}{n}\cdot\frac{n-3}{n-2}\cdot\cdots\cdot\frac{4}{5}\cdot\frac{2}{3}\cdot 1, & n\text{ 为大于 1 的奇数}.\end{cases}$$

习题参考答案

习 题 一

(A)

1. (1) $(-2,3]$；(2) $(-\infty,1)\cup(2,+\infty)$；(3) $[-1,1)\cup(1,2)$；(4) $[1,2]$；(5) $[-2,1)\cup(1,2]$；(6) $(-1,5)$.

2. (1) 不同；(2) 不同；(3) 不同；(4) 相同；(5) 不同；(6) 不同；(7) 不同；(8) 相同.

3. (1) $f\left(\frac{1}{\mathrm{e}}\right)=-\frac{\pi}{2}$，$f(1)=0$，$f(\mathrm{e})=\frac{\pi}{2}$；

   (2) $f(-2)=-1$，$f(0)=3$，$f(2)=4$，$f[f(-1)]=2$；

   (3) $f[g(0)]=-4$.

4. (1) $(-\infty,+\infty)$ 单调增加；

   (2) 在$[-3,-1]$上单调减少，在$[-1,1]$上单调增加.

5. (1) 有界；(2) 有界；(3) 有界；(4) 有界.

6. (1) 偶函数；(2) 奇函数；(3) 非奇非偶函数；(4) 奇函数.

7. (1) 周期函数，周期 $T=2\pi$；(2) 周期函数，周期 $T=\pi$；

   (3) 周期函数，周期 $T=\frac{\pi}{3}$；(4) 非周期函数.

8. (1) $f^{-1}(x)=\frac{1-x}{1+x}$，$x\in(-\infty,-1)\cup(-1,+\infty)$；(2) $f^{-1}(x)=-\sqrt{x}$，$x\in(0,+\infty)$；

   (3) $f^{-1}(x)=\frac{1}{3}\arcsin\frac{x}{2}$，$x\in[-2,2]$；(4) $f^{-1}(x)=\mathrm{e}^{x-1}-2$，$x\in(-\infty,+\infty)$.

9. $f[f(x)]=2^{2^x}$，$f[g(x)]=2^{x^2}$，$g[f(x)]=2^{2x}$，$g[g(x)]=x^4$.

10. (1) $y=\sin u$, $u=5x$；(2) $y=u^{20}$, $u=1+x$；(3) $y=\mathrm{e}^u$, $u=\frac{1}{x}$；

    (4) $y=u^2$，$u=\sin x$；(5) $y=\ln u$，$u=\cos v$，$v=x^2$；(6) $y=\ln u$，$u=\sin v$，$v=\sqrt{x}$；

    (7) $y=\mathrm{e}^u$，$u=\arctan v$，$v=\frac{1}{x}$；(8) $y=\arctan u$，$u=v^3$，$v=\cos t$，$t=1+x^2$

(B)

1. $[-2,\ 2]$

2. $f[f(x)]=\frac{x}{\sqrt{1+2x^2}}$，$\underbrace{f\{f[\cdots f(x)]\}}_{n\text{次}}=\frac{x}{\sqrt{1+nx^2}}$

3. $f[g(x)]=\begin{cases}2, & x\leqslant 0\\ x^6, & x>0\end{cases}$

4. $f(\cos x)=2-2\cos^2 x$

5. 略.

6. 略.

习 题 二

(A)

1. (1) 收敛，极限为 3；(2) 收敛，极限为 1；(3) 收敛，极限为 1；(4) 发散；(5) 收敛，极限为 0；(6) 发散.

2. 略.

3. (1) 0；(2) $\frac{2}{7}$；(3) 1；(4) 1；(5) 3；(6) $\frac{1}{2}$；(7) 10.

4. (1) e；(2) e^{-3}；(3) e；(4) e^2.

5. (1) 3；(2) 1.

6. 1，1，存在，1.

7. (1) 0；(2) $2x$；(3) $-\frac{1}{2}$；(4) $\frac{1}{2}$；(5) $\sqrt{2}$；(6) $\frac{3}{2}$；(7) 2；(8) e^{-5}；(9) $e^{\frac{1}{2}}$；(10) $\frac{3}{2}$；(11) -2；(12) $-\frac{1}{3}$.

8. $a=-1$，$b=-2$.

9. $x=1$，第一类间断点.

10. 略.

(B)

1. (1) e^{-1}；(2) $\sqrt[3]{abc}$；(3) $\frac{1}{2}$.

2. 1.

3. (1) $a=1$，$b=-1$；(2) $a=1$，$b=-\frac{1}{2}$.

4. (C).

5. (1) 0；(2) $\frac{n\ (n+1)}{2}$.

习 题 三

(A)

1. (1) $\frac{1}{2\sqrt{x}}$；(2) $-\sin x$.

2. （1）$3f'(x_0)$；（2）$f'(x_0)$；（3）$-3f'(x_0)$.

3. （1）$f'(0)$；（2）$af'(0)$；（3）0；（4）$2af'(0)$.

4. $f'(x)=\begin{cases}3x^2, & x<0\\ 2x, & x\geqslant 0\end{cases}$.

5. 切线：$y=\dfrac{x}{\mathrm{e}}$，法线：$y=-\mathrm{e}x+\mathrm{e}^2+1$.

6. （1）连续，不可导；（2）连续，不可导；（3）连续，不可导.

7. $a=3$，$b=-2$.

8. （1）$5x^4-3x^2+1$；（2）$\dfrac{1}{\sqrt{x}}+\dfrac{1}{x^2}$；（3）$\dfrac{4x}{(x^2+1)^2}$；（4）$2x\ln x+x$；

（5）$\sec x+x\sec x\tan x-\sec^2 x$；（6）$\dfrac{\sin x-\cos x-1}{(1+\cos x)^2}$；（7）$\dfrac{\csc x\cot x+\csc^2 x}{(\csc x+\cot x)^2}$；

（8）$\mathrm{e}^x\arctan x+\dfrac{\mathrm{e}^x}{1+x^2}$.

9. （1）$-\mathrm{e}^{-x}\tan 3x+3\mathrm{e}^{-x}\sec^2 3x$；（2）$\cos(2^x)2^x\ln 2$；（3）$-\dfrac{1}{x^2}\mathrm{e}^{\tan\frac{1}{x}}\sec^2\dfrac{1}{x}$；

（4）$2\sin x\cos x\sin(x^2)+2x\sin^2 x\cos(x^2)$；（5）$\dfrac{2\sqrt{x}+1}{4\sqrt{x(x+\sqrt{x})}}$；（6）$\arcsin\dfrac{x}{2}$.

10. （1）$\dfrac{1}{2}\sqrt{\dfrac{x-1}{(x+1)(x+2)}}\left(\dfrac{1}{x-1}-\dfrac{1}{x+1}-\dfrac{1}{x+2}\right)$；（2）$x^x(\ln x+1)$；

（3）$\left(1+\dfrac{1}{x}\right)^x\left[\ln\left(1+\dfrac{1}{x}\right)-\dfrac{1}{x+1}\right]$；（4）$(\sin x)^{\cos x}\left(-\sin x\ln\sin x+\dfrac{\cos^2 x}{\sin x}\right)$.

11. （1）$\dfrac{2}{3(1-y^2)}$；（2）$\dfrac{2^x\ln 2(1-2^y)}{2^{x+y}\ln 2-2}$；（3）$\dfrac{\sqrt{x-y}+1}{1-4\sqrt{x-y}}$；（4）$\dfrac{1-y\cos(xy)}{x\cos(xy)}$.

12. （1）$-\dfrac{2t}{t+1}$；（2）$-\dfrac{2}{3}\mathrm{e}^{2t}$.

13. （1）$2\sin x+4x\cos x-x^2\sin x$；（2）$\mathrm{e}^{-x^2}(4x^2-2)$；（3）$-x(1+x^2)^{-\frac{3}{2}}$.

14. （1）$\dfrac{2}{3}x^{\frac{3}{2}}+C$；（2）$-\dfrac{1}{2}\mathrm{e}^{-2x}+C$；（3）$-\dfrac{1}{2x}+C$；（4）$\dfrac{1}{2}\sin(2x)+C$.

15. （1）$2\tan x\sec^2 x\,\mathrm{d}x$；（2）$(2\mathrm{e}^{2x}\sin^2 x+2\mathrm{e}^{2x}\sin x\cos x)\,\mathrm{d}x$；

（3）$\dfrac{1}{2\sqrt{x(1-x)}}\mathrm{d}x$；（4）$\dfrac{x}{x^2-1}\mathrm{d}x$.

16. （1）$\dfrac{\mathrm{e}^y}{1-x\mathrm{e}^y}\mathrm{d}x$；（2）$\dfrac{2}{2-\cos y}$；（3）$-\dfrac{b^2x}{a^2y}\mathrm{d}x$；（4）$\dfrac{\sqrt{1-y^2}}{2y\sqrt{1-y^2}+1}\mathrm{d}x$.

17. （1）2.7455；（2）-0.002；（3）0.4849；（4）2.0083.

(B)

1. $-\dfrac{1}{2}$.

2. 8.

3. $y=4x-12$ 或 $y=4x-8$.

4. $a=1$，$b=0$.

5. $n=1$ 时连续但不可导，$n>1$ 时连续且可导．

6. (1) $\frac{7}{8}x^{-\frac{1}{8}}$；(2) $\cos 8x$；(3) $\frac{x\cos x-\sin x}{x\sin x}$；(4) $-\sin x-\cos x$.

7. (1) $2f(x)f'(x)$；(2) $f'(x)e^{f(x)}$；(3) $\frac{2f(x)f'(x)}{1+f^2(x)}$；

(4) $\frac{f'(x)}{\sqrt{1-[f(x)]^2}}$.

8. 证明（略）.

9. $y=x-1$.

10. (1) $e^x(x^3+30x^2+270x+720)$.

(2) $-2^{n-1}\cos\left(2x+\frac{n\pi}{2}\right)$.

11. $\frac{f''(x+y)}{[1-f'(x+y)]^3}$.

习 题 四

(A)

1～2. 略.

3. 有分别位于区间 (1,2)，(2,3)及(3,4)内的三个根.

4～7. 略.

8. (1) $-\frac{3}{5}$；(2) 2；(3) $\frac{m}{n}a^{m-n}$；(4) $\cos a$；(5) 1；(6) 1；(7) 1；

(8) $\frac{1}{2}$；(9) e；(10) e^{-1}.

9. $m=3$，$n=-4$.

10. 1.

11. $f(x)=-56+21(x-4)+37(x-4)^2+11(x-4)^3+(x-4)^4$.

12. $f(x)=x^6-9x^5+30x^4-45x^3+30x^2-9x+1$.

13. $f(x)=x-x^2+\frac{x^3}{2!}-\frac{x^4}{3!}+\cdots+(-1)^{n-1}\cdot\frac{x^n}{(n-1)!}+o(x^n)$.

14. $-\frac{1}{6}$.

15. (1) $(-\infty,-1]$，$[3,+\infty)$为单调增区间；$[-1,3]$为单调减区间；$f(-1)=17$ 为极大值；$f(3)=-47$ 为极小值；

(2) $(-1,+\infty)$为单调增区间；$f(0)=0$ 为极小值；

(3) $(-\infty,-1]$，$[1,+\infty)$为单调增区间；$[-1,1]$单调减区间；$f(-1)=0$ 为极大值；$f(1)=-3\sqrt[3]{4}$为极小值；

19. $a=2$，$f\left(\frac{\pi}{3}\right)=\sqrt{3}$为极大值.

20. (1) $\left(-\infty,-\frac{1}{2}\right]$为曲线的凸区间，$\left[-\frac{1}{2},+\infty\right)$为曲线的凹区间，$\left(-\frac{1}{2},\frac{41}{2}\right)$为曲线的拐点；

(2) $(-\infty,-1]$，$[1,+\infty)$为曲线的凸区间，$[-1,1]$为曲线的凹区间，$(-1,\ln 2)$，$(1,\ln 2)$为曲线的拐点；

(3) $\left[\frac{1}{2},+\infty\right)$为曲线的凸区间，$\left(-\infty,\frac{1}{2}\right]$为曲线的凹区间，$\left(\frac{1}{2},e^{\arctan\frac{1}{2}}\right)$为曲线的拐点；

(4) 没有拐点，处处为凹的 .

21. $a=-\frac{3}{2}$，$b=\frac{9}{2}$.

22. $x=1$ 为曲线的铅直渐近线；$y=x+2$ 为曲线的一条斜渐近线.

24. $\max\limits_{x\in[-1,3]} f(x)=f(3)=11$，$\min\limits_{x\in[-1,3]} f(x)=f(2)=-14$.

25. $x=-1$ 为极小值点 . 又 $\lim\limits_{x\to-\infty} f(x)=0$，$\lim\limits_{x\to+\infty} f(x)=+\infty$，从而 $f(-1)=-e^{-1}$ 为 $f(x)$的最小值,$f(x)$无最大值.

26. $C'=\frac{1}{\sqrt{x}}$；$R'=\frac{10}{(x+2)^2}$；$L'=\frac{10}{(x+2)^2}-\frac{1}{\sqrt{x}}$.

27. $Q=3$，$p=21$，$L(3)=3$.

28. $\frac{Ey}{Ex}=4x,\left.\frac{Ey}{Ex}\right|_{x=3}=12$.

29. 最优订购批量为 $x=100$（台).

(B)

1～2. 略.

3. (1) e；(2) $e^{-\frac{1}{2}}$；(3) $\frac{1}{2}$；(4) $e^{-\frac{2}{\pi}}$.

4. 连续.

6. (1) $\frac{1}{2}$；(2) $\frac{1}{2}$.

8. (Ⅰ) $a>\frac{1}{e}$时没有实根；

(Ⅱ) $0<a<\frac{1}{e}$时有两个实根；

(Ⅲ) $a=\frac{1}{e}$时只有 $x=e$ 一个实根.

9. $x=0$ 为曲线的铅直渐近线；$y=x$ 为曲线的一条斜渐近线.

11. $(-\infty,0)$，$(1,2)$，$(2,+\infty)$为单调减区间；$(0,1)$为单调增区间；$(-\infty,0)$，$(2,+\infty)$曲线为上凹；$(0,2)$为曲线上凸；函数在$(-\infty,+\infty)$内连续，在$(-\infty,0)$，$(0,+\infty)$内可导．

12. 提示：方程两边对 x 求导，得$\frac{\mathrm{d}y}{\mathrm{d}x}=\frac{1}{2}+\frac{x}{2y}$，

并令其为 0，有$\begin{cases} y=-x \\ x^3-3xy^2+2y^3=32 \end{cases}$

解出驻点 $x=-2$，且$\left.\frac{\mathrm{d}^2y}{\mathrm{d}^2x}\right|_{x-2}=\frac{1}{4}>0$，故 $y=f(x)$有极小值 $f(-2)=2$，无极大值

.

13. (1) 当 $q=\frac{d-b}{2(e+a)}$时，利润最大，$\overline{L}_{\max}=\frac{(d-b)^2}{4(e+a)}-C$；

(2) $\frac{d-eq}{eq}$；　　(3) $\frac{d}{2e}$.

习 题 五

(A)

1. (1) $2\sqrt{x}+C$；(2) $\frac{3}{10}x^{\frac{10}{3}}+C$；(3) $\frac{6}{11}x^{\frac{11}{6}}-\frac{2}{3}x^{\frac{3}{2}}+\frac{3}{4}x^{\frac{4}{3}}-x+C$；(4) $x^3+\arctan x+C$；

(5) $2e^x+3\ln|x|+C$；(6) $3\arctan x-2\arcsin x+C$；(7) $2x-\frac{5}{\ln2-\ln3}(\frac{2}{3})^x+C$；

(8) $\tan x-\sec x+C$；(9) $\frac{1}{2}\tan x+C$；(10) $\sin x-\cos x+C$；(11) $\tan x-\cot x+C$；

(12) e^x-x+C.

2. $y=\ln x+1$；

3. (1) $-\frac{1}{2}$；(2) $\frac{1}{2}$；(3) $\frac{1}{5}$；(4) $-\frac{1}{3}$；(5) -1；(6) $\frac{1}{3}$；(7) $\frac{1}{3}$；(8) $-\frac{1}{2}$.

4. (1) $-\frac{1}{5}e^{-5x}+C$；(2) $-\frac{1}{2}(2-3x)^{\frac{2}{3}}+C$；(3) $-\frac{1}{2}e^{-x^2}+C$；

(4) $-\frac{1}{80}(2-5x^4)^4+C$；(5) $-\ln|1-x^4|+C$；(6) $\frac{1}{a}\sin(ax+b)+C$；

(7) $\frac{1}{2\cos^2x}+C$；(8) $3\ln\left|\sin\frac{x}{3}\right|+C$；(9) $\ln(1+e^x)+C$；(10) $-\frac{1}{\ln x}+C$；

(11) $-2\cos\sqrt{x}+C$；(12) $\frac{1}{11}\tan^{11}x+C$；(13) $\frac{x}{2}+\frac{1}{12}\sin6x+C$；

(14) $\ln|\tan x|+C$；(15) $\frac{1}{3}\ln\left|\frac{x-2}{x+1}\right|+C$；

(16) $\sin x-\frac{1}{3}\sin^3x+C$；(17) $\frac{1}{3}\sec^3x-\sec x+C$；(18) $-e^{\frac{1}{x}}+C$；

(19) $\ln|x^2-3x+8|+C$；(20) $-\frac{1}{2}\sin\frac{2}{x}+C$.

5. (1) $\frac{1}{2}x^2\ln x-\frac{1}{4}x^2+C$；(2) $\frac{1}{2}x\sin 2x+\frac{1}{4}\cos 4x+C$；

(3) $x\arctan x-\frac{1}{2}\ln(1+x^2)+C$；(4) $x\tan x+\ln|\cos x|-\frac{1}{2}x^2+C$；

(5) $\frac{1}{4}x^2+\frac{1}{4}x\sin x+\frac{1}{8}\cos 2x+C$.

6. (1) $\ln\left|\frac{(x-2)^7}{(x-1)^4}\right|+C$；(2) $\frac{1}{2}\ln|x+1|+\frac{1}{2}\ln|x-1|+\frac{1}{x+1}+C$；

(3) $\ln\frac{|x|}{\sqrt{x^2+1}}+C$；(4) $x+\ln\left|\frac{x-1}{x}\right|+C$；

(5) $\frac{1}{2}\ln|x^2+2x+3|-\frac{3}{\sqrt{2}}\arctan\frac{x+1}{\sqrt{2}}+C$；(6) $\frac{1}{6}\ln\left|\frac{x^2+1}{x^2+4}\right|+C$.

(B)

1. (1) $\arctan x-\frac{1}{x}+C$；(2) $-\cot x-x+C$

2. (1) $\frac{a^2}{2}\left(\arcsin\frac{x}{a}-\frac{x}{a^2}\sqrt{a^2-x^2}\right)+C$；(2) $\arccos\frac{1}{|x|}+C$；(3) $\frac{x}{\sqrt{1+x^2}}+C$；

(4) $\sqrt{x^2-9}-3\arccos\frac{3}{|x|}+C$；(5) $2\sqrt{x}-\ln(1+\sqrt{2x})+C$；

(6) $\arcsin x-\frac{x}{1+\sqrt{1-x^2}}+C$；(7) $\frac{1}{2}(\arcsin x+\ln|x+\sqrt{1-x^2}|)+C$；

(8) $\frac{1}{2}\left(\frac{x+1}{x^2+1}+\ln(x^2+1)+\arctan x\right)+C$.

3. (1) $-2\sqrt{x}\cos\sqrt{x}+2\sin\sqrt{x}+C$；(2) $\ln x\ln|\ln x|-\ln x+C$；

(3) $2(\sqrt{x}-1)e^{\sqrt{x}}+C$；(4) $\frac{1}{2}e^{-x}(\sin x-\cos x)+C$；

(5) $2\sqrt{x}\arcsin\sqrt{x}+2\sqrt{1-x}+C$.

4. (1) $\frac{3}{2}(x+1)^{\frac{2}{3}}-3(x+1)^{\frac{1}{3}}+3\ln|1+\sqrt[3]{x+1}|+C$；

(2) $-2\sqrt{\frac{x+1}{x}}-\ln\left|\frac{\sqrt{x+1}-\sqrt{x}}{\sqrt{x+1}+\sqrt{x}}\right|+C$；(3) $\frac{1}{\sqrt{2}}\arctan\frac{\tan\frac{x}{2}}{\sqrt{2}}+C$；

(4) $\frac{1}{4}\tan^2\frac{x}{2}+\tan\frac{x}{2}+\frac{1}{2}\ln\tan\frac{x}{2}+C$.

5. (1) $\frac{1}{2}\ln(1+\cos^2 x)-\frac{1}{2}\cos^2 x+C$；(2) $2\sqrt{e^x-1}+C$；(3) $\frac{1}{2}e^{x^2}(x^2-1)+C$；

(4) $-\cot x\ln\sin x-\cot x-x+C$；(5) $\arcsin\frac{x-1}{2}+C$；(6) $\frac{1}{2}\ln^2(x+\sqrt{1+x^2})+C$.

(7) $\frac{1}{8}\left[\ln\left|\frac{1-\cos x}{1+\cos x}\right|+\frac{2}{1+\cos x}\right]+C$；(8) $\frac{x}{x-\ln x}+C$；

(9) $-\frac{1}{x}\operatorname{arccot}x-\frac{1}{2}(\operatorname{arccot}x)^2+\frac{1}{2}\ln\frac{x^2}{1+\ln x^2}+C$；

(10) $\frac{\arctan e^x}{e^{2x}}-\arctan e^x-\frac{1}{e^x}+C$.

习　题　六

(A)

1. (1) 8π；(2) 6；(3) $\frac{\pi}{4}$；(4) 4.

2. (1) $\geqslant$；(2) $\leqslant$；(3) $\geqslant$；(4) $\leqslant$.

3. (1) $[2e^{-1},2]$；(2) $[\pi,2\pi]$；(3) $\left[\frac{\pi}{9},\frac{2\pi}{3}\right]$；(4) $[\frac{2}{\sqrt[4]{e}},2e^2]$.

4. (1) $\frac{1}{4}$；(2) $\frac{1}{3}$；(3) e^2；(4) 2.

5. (1) 17；(2) $\frac{65}{24}$；(3) $-\frac{17}{6}$；(4) e^2+1；(5) $2\ln3-\ln7$；(6) 4.

6. (1) $\frac{1-\sqrt{3}}{2}$；(2) $\frac{1}{5}$；(3) $\frac{3}{10}$；(4) $\frac{\pi}{6}+\frac{\sqrt{3}}{8}$；(5) $\frac{\pi}{8}$；(6) 2；(7) $1-e^{-\frac{1}{2}}$；

   (8) 12；(9) 0；(10) $\frac{\ln2}{2}$；(11) $2(1+\ln2-\ln3)$；(12) $4\frac{58}{105}$；

   (13) $\sqrt{2}-\frac{2\sqrt{3}}{3}$；(14) $1-\frac{\pi}{4}$；(15) $2\sqrt{2}$；(16) $\frac{4}{3}$.

7. (1) 1；(2) $\frac{\pi}{2}+\ln2-2$；(3) $4(2\ln2-1)$；(4) $\frac{4\sqrt{2}-\sqrt{2}\pi}{8}$；(5) $\frac{\pi}{4}-\frac{1}{2}$；

   (6) $\frac{1}{2}(e^{\frac{\pi}{2}}-1)$；(7) 2；(8) $\frac{1}{5}(e^{\pi}-2)$.

8. 略.

9. (1) 收敛，$\frac{1}{2}$；(2) 发散；(3) 当 $a<0$ 时，收敛，$-\frac{1}{a}$；当 $a\geqslant0$ 时，发散；

   (4) 收敛，π；(5) 收敛，$\frac{8}{3}$；(6) 发散；(7) 发散；(8) 收敛，$\frac{\pi}{2}$.

10. (1) $4-\ln3$；(2) $\frac{27}{2}$；(3) $\frac{35}{2}-6\ln6$；(4) $b-a$；(5) 1；(6) $2\pi+\frac{4}{3}$

11. (1) $\frac{3\pi}{10},\frac{3\pi}{10}$；(2) $\frac{\pi}{7}$；(3) 2π；(4) $\frac{\pi^2}{4}$.

12. $666\frac{1}{3}$.

13. (1) 9987.5；(2) 19850.

(B)

1. (1) $\frac{2}{\pi}(2\sqrt{2}-1)$；(2) $\frac{55}{96}$；(3) $\frac{\pi}{2}+\ln(2+\sqrt{3})$；(4) $\begin{cases}x,0\leqslant x\leqslant 1\\ \frac{1}{4}x^4+\frac{3}{4},x>1\end{cases}$.

2. 略.

3. $1+\ln(1+e^{-1})$.

4. 证（略），$\frac{\pi}{4}$.

5. $f(x)=x-\frac{6}{5}x^2$.

6. $\frac{1}{4}(e^{-1}-1)$.

7. 3.

8. 略.